无人飞行器总体方案设计及系统特性研究

张国庆　贺翔　邢睿◎著

OVERALL SCHEME DESIGN AND SYSTEM
CHARACTERISTICS RESEARCH OF
UNMANNED AERIAL VEHICLE

北京理工大学出版社
BEIJING INSTITUTE OF TECHNOLOGY PRESS

内 容 简 介

本书系统且重点地阐述了计算流体力学的基础知识，然后通过精心挑选的例子介绍了计算流体力学中的重要方法和处理技巧。读者可以将计算流体力学的结果与解析解进行对比，从而更深入地了解计算流体力学的基本概念、思路、方法、用途和优缺点。本书的主要教学研究是使学生系统地了解和掌握计算流体力学的基本原理及方程，包括各个流动状态的特点和相关软件的工作原理。同时根据所掌握的专业基础知识，系统而深入地对一些飞行器气动特性、流动机理、工程实践等领域进行研究，从而总结出科学的结论和现象，通过本书的学习可以为读者更好地从事航空事业奠定理论基础和数据支撑。本书共 9 章，涵盖了各类无人机（含折叠式的）关键的气动特性介绍与分析，三维铰链力矩的设计与计算，螺旋桨辅助设计及全机气动特性与噪声分析，高超声速乘波体外形的设计、计算与优化研究，仿生扑翼无人机的设计与气动特性研究，基于视觉的无人机位置估计方案和车载无人机自主着陆的控制方案等诸多研究领域。

本书面向的是理工科专业高年级本科生以及流体力学和 CFD 等相关领域相关专业的研究生。本书可作为高等院校教授流体力学和 CFD 等相关领域进阶课程的教材，也可供研究人员参考使用。

图书在版编目（ＣＩＰ）数据

无人飞行器总体方案设计及系统特性研究 / 张国庆，
贺翔，邢睿著. --北京：北京理工大学出版社，2022.1
　ISBN 978-7-5763-0805-1

　Ⅰ. ①无… 　Ⅱ. ①张… ②贺… ③邢… 　Ⅲ. ①无人驾
驶飞行器–设计 　Ⅳ. ①V47

中国版本图书馆 CIP 数据核字（2022）第 002166 号

出版发行 / 北京理工大学出版社有限责任公司
社　　址 / 北京市海淀区中关村南大街 5 号
邮　　编 / 100081
电　　话 / （010）68914775（总编室）
　　　　　　（010）82562903（教材售后服务热线）
　　　　　　（010）68944723（其他图书服务热线）
网　　址 / http://www.bitpress.com.cn
经　　销 / 全国各地新华书店
印　　刷 / 保定市中画美凯印刷有限公司
开　　本 / 787 毫米×1092 毫米　1/16
印　　张 / 10.25
字　　数 / 208 千字
版　　次 / 2022 年 1 月第 1 版　2022 年 1 月第 1 次印刷
定　　价 / 58.00 元

责任编辑 / 徐　宁
文案编辑 / 宋　肖
责任校对 / 周瑞红
责任印制 / 李志强

引言

本书是以航空航天、飞行器设计、工程实践等国家重大科技需求热点问题为撰写支撑材料，依托计算流体力学和空气动力学课程教学内容，并适当考虑北京理工大学专业性质和教学改革要求而制定的。本书是航空航天类院校本科飞行器设计与工程专业、飞行器动力工程专业、武器系统与发射工程专业、航天运输与控制专业、工程力学专业、安全工程专业以及热能与动力工程专业等教学计划中的一本专业基础教材，为飞行器设计与工程专业、飞行器动力工程专业、武器系统与发射工程专业学生的必修课教材。

本书系统而重点地阐述了计算流体力学的基础知识，然后通过精心挑选的例子介绍了计算流体力学中的重要方法和处理技巧。读者可以将计算流体力学计算的结果与解析解进行对比，从而更深入地了解计算流体力学的基本概念、思路、方法、用途和优缺点。本书的主要教学研究是使学生系统地了解和掌握计算流体力学的基本原理及方程，包括各个流动状态的特点和相关软件的工作原理。同时根据所掌握的专业基础知识，系统而深入地对一些飞行器气动特性、流动机理、工程实践等领域进行研究，从而总结出科学的结论和现象，通过本书的学习可以为读者更好地从事航空事业奠定理论基础和提供数据支撑。

本书共 9 章，涵盖了各类无人机（含折叠式的）关键的气动特性介绍与分析，三维铰链力矩的设计与计算，螺旋桨辅助设计及全机气动特性与噪声分析，高超声速乘波体外形的设计、计算与优化研究，仿生扑翼无人机的设计与气动特性研究，基于视觉的无人机位置估计方案和车载无人机自主着陆的控制方案等诸多研究领域。本书面向的是理工科专业高年级本科生以及流体力学和 CFD 等相关领域相关专业的研究生。本书可作为高等院校教授流体力学和 CFD 等相关领域进阶课程的教材，也可供研究人员参考使用。

目　录

CONTENTS

第1章

各种布局的气动特性数值模拟与分析

1.1 引言

本章主要针对无人机的几种折叠方案，进行了几何建模，通过数值模拟的方法，对各种布局的气动特性逐一进行分析和研究。

1.2 CFD 方法准确性的验证

NACA0012 翼型的计算区域网格如图 1.1 所示。

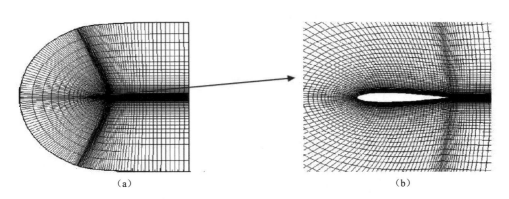

(a)   (b)

图 1.1 NACA0012 翼型的计算区域网格

（a）计算网格区域整体图；（b）翼型周围的 C–型网格

图 1.2（a）为 Ladson C L，NASA 升力系数数据，图 1.2（b）、图 1.2（c）和图 1.2（d）为 Gregory & O'Reilly，NASA 在迎角分别为 0°、10° 和 15° 沿 NACA0012 翼型弦向的压力系数分布，可见 CFD（computational fluid dynamics，计算流体力学）模拟结果与它们各自的数据吻合较好，验证了流场计算模型和所采用数值方法的准确性，保证了 CFD 在后续研究中计算结果的可信性。

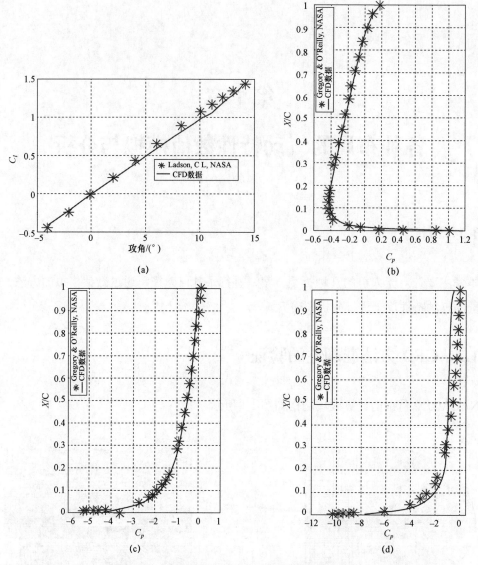

图1.2　计算结果与 NASA 相应数据的对比曲线

（a）CFD 与 Ladson C L，NASA 升力特性对比；（b）CFD 与 Gregory& O'Reilly，NASA 压力系数对比（$\alpha = 0°$）；

（c）CFD 与 Gregory& O'Reilly，NASA 压力系数对比（$\alpha = 10°$）；

（d）CFD 与 Gregory& O'Reilly，NASA 压力系数对比（$\alpha = 15°$）

1.3　正常式布局与 V 形尾翼布局的气动特性数值模拟与分析

现代战争日趋复杂，各国在努力提高飞机本身的灵活性和机动性的同时，一些新颖的气动布局和外形更是越来越受到人们的极大重视（图1.3、图1.4）。尤其是目前新发展起来的 V 形尾翼，其良好的隐身特性受到了设计者的青睐。它能够替代普通平尾和垂尾，在以较少的部件总数来减少尾翼与机身之间的气动干扰的同时，又大大地减少了尾翼的浸润面积。美国研制的 F-117 隐形战机以及德国的 He162"火蜥蜴"轻型战斗机都采用了 V 形尾翼的气动布局，具有较好的战场生存能力。国外对于 V 形尾翼的研究已经扩大到了控制的有效性和控制力量方面。

图 1.3　正常式尾翼布局

图 1.4　V 形尾翼布局

其中 V 形尾翼布局存在着机身与升降舵，以及升降舵与方向舵之间的控制力干扰等问题已经成为空气动力学研究的重要课题。尤其是采用 V 形尾翼布局会给全机的气动特性带来哪些问题，以及 V 形尾翼的上反效应与全机气动参数之间的耦合关系更值得做深入的探讨。北京航空航天大学的孔繁美教授通过风洞实验的方法研究了不同 V 形尾翼布局的气动特性。本书则通过成熟的 CFD 方法对四种不同尾翼布局的飞机进行了数值模拟，避免了通过风洞实验来获取这些数据周期长、费用高等诸多问题。

1.3.1　尺寸函数与边界条件的设置

在整机建模中，网格生成的质量和尺寸往往会直接影响到实验结果的精度性要求，而影响网格质量和限制生成网格数量的关键技术在于网格尺寸的控制与把握。基于此，在布置机翼和尾翼的非结构网格时，采用了尺寸函数控制网格尺寸的方法并采用网格变形技术（不改变全机的网络拓扑结构）和网格重构技术，并且对整机进行了局部的网格加密，提高了实验的精度。

实验中使用了 8 种不同组合的气动布局，即机翼设有两种上反角（0°，3°），尾翼设有 4 种不同的形式，即普通平尾+单垂尾（1#）、上反 35° V 尾（2#）、上反 45° V 尾（3#）和上反 50° V 尾（4#）。

入口速度设为 0.08 马赫数，对 8 种不同布局的机型，为了实验的横向比较，在考虑舵面不偏转时，忽略了副翼及缝隙对全机升力的影响（后面单独对副翼的偏转做了动态模拟），采用了 17 种不同攻角的来流。并且保持 5° 攻角不变的情形下，对整机采用了 11 种不同角度的侧滑。在模拟数值计算中，压强值较大，因此一律设置相对压强，温度 300 K，并采用耦合-隐式（couple-implicit）求解器，模拟使用 $k-\varepsilon$ 湍流模型，运用 SIMPLE（压力耦合方程组的半隐式方法）迭代并使用壁面函数法。

1.3.2　结果与分析

1. 四种尾翼布局对全机纵向气动性能的影响

从实验中得出全机在配置 4 种不同尾翼的情形下（机翼无上反），全机的最大升力系数 C_y 均在 2.49~2.5 之间，并且均在 21° 附近飞机达到临界迎角。全机的升力系数斜率均保持在 0.118 左右。并且实验结果表明，4 种不同尾翼布局对全机的零升阻力系数 C_{x0} 均没有明显的影响。由表 1.1 可以看出，全机的纵向稳定裕度产生了较大影响，而且尾翼的展弦比越大，$m_z^{C_y}$ 越大，即 $m_z^{C_y}$ ~展弦比 λ。

表 1.1　各种参数对比

机翼无上反	展弦比 $\lambda = 11.8$，根梢比 $\eta = 1.385\,7$		
四种布局	尾翼投影面积 S/m^2	展弦比 λ	$m_z^{C_y}$
1#	0.030 8	3.198 1	−0.147
2#	0.022 5	2.532 7	−0.135
3#	0.019 6	2.193 4	−0.124
4#	0.018 0	2.110 3	−0.114

由图 1.5 可以看出，在舵面偏角处于中立位置时，全机的纵向稳定性主要与迎角产生的纵向力矩有关。平尾处在翼身组合体的下洗范围内，在尾翼处会产生一个下洗角 ε，并且可以发现，V 形尾翼上反越厉害如 4#V 尾（机翼无上反），随着飞机迎角的不断增大，出现了与孔繁美教授的风洞实验一样的情形：全机的纵向力矩曲线会渐渐地趋于平缓，甚至超过一定迎角后，曲线会有一个"回环"出现，即曲线向上迂回，全机的纵向力矩满足不了其需用配平力矩。

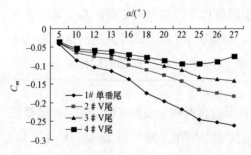

图 1.5　不同尾翼形式全机纵向力矩对比曲线

原因分析：当飞机向前或向下俯冲时，迎面来流流经机头、机翼、机身，首先在机头和机翼处会产生自身的脱体涡，再加之副翼的偏转会使在尾翼前缘处产生严重的下洗气流和下洗角。V 形尾翼上反的角度越小，其有效展弦比越大，有效配平力越大，而且安装的角度会有所降低，受下洗区涡流的下洗影响要稍小些，可以大大地延迟失速界限；相反，V 形尾翼上反的角度太大，相对于小角度上反时安装的隐形高度会提高，从而受下洗区的影响也越大，随着迎角的增加，会使飞机进入严重的深失速区，失去配平能力，会严重影响全机的纵向稳定性，影响飞行安全。

纵向力矩特性对比曲线如图 1.6 所示，以 2#V 尾（机翼无上反）为例。单独机身 $m_z^{C_y}$ 为 2.17，翼身组合体的 $m_z^{C_y}$ 为 0.125，而全机的 $m_z^{C_y}$ 达到 -0.135，尾翼占到了全机的纵向力矩的 78%，可以看出尾翼对纵向配平起着至关重要的作用，能实现全机的纵向力矩配平，从而满足全机静稳定性的要求。

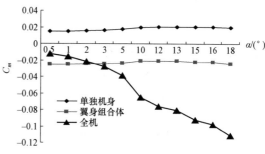

图 1.6　纵向力矩特性对比曲线

2. 机翼、尾翼对全机横航向稳定性的影响

实验中采取了横向和纵向对比的方法，先后分两组进行了横向对比，即机翼无上反+4 种尾翼（A 组）、机翼上反 3°+4 种尾翼（B 组），以 5°攻角+11 个侧滑角排列组合做迎风来流。

1）横向比较

从图 1.7 和图 1.8 中可以看到：A 组的机翼无上反+1#单垂尾与 B 组的机翼上反 3°+1#单垂尾相比较得出：在以一定的侧滑角来流时，机翼上反角只会对全机的滚转力矩有贡献，而并不影响偏航力矩。并且这两种情况全机的偏航力矩都随着侧滑角呈一种趋于线性的规律，即 $\dfrac{\partial m_y}{\partial \beta}$ 趋于一个定值 R。这是因为机翼的小角度上反会使飞机在迎风来流时在左右机翼上产生阻力差，对全机的偏航力矩做出了贡献。但是在现实飞行中，因机翼相对于尾翼来说离飞机的重心较近，故机翼上反产生的偏航力矩相对很小。当 $\beta>0$ 时，左机翼上反在侧滑来流中的实际迎角为 $\alpha_n=\alpha-\beta\sin\alpha$，而右机翼上反的 $\alpha_n=\alpha+\beta\sin\alpha$，故左机翼迎角小、升力小、下洗小；右机翼迎角大、升力大、下洗大。配有单垂尾形式的尾翼处在上反机翼不对称的下洗流场中，并不会产生相应的横向附加侧力，因此机翼无上反+1#单垂尾与机翼上反 3°+1#单垂尾的偏航力矩近乎相同。

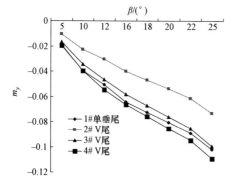

图 1.7　机翼无上反偏航力矩特性对比曲线

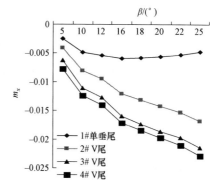

图 1.8　机翼无上反滚转力矩特性对比曲线

2）纵向比较

从图 1.9 和图 1.10 中可以看出，A 组加上 V 形尾翼后对全机的偏航力矩和滚转力矩都有贡献，但是全机的偏航力矩仍呈线性递增趋势，如果对 B 组机翼加上 V 形尾翼，偏航力矩就是一条递增的曲线。孔繁美教授把这个归因于 V 尾处在上反机翼严重的不对称下洗流场中。由于 V 尾上翘，左右下洗引起的升力差，会在右侧 V 尾上产生一个垂直于 V 尾平面的反向法向力，而在左侧 V 尾上产生一个正向法向力，它们的分力的合力共同提供了整个 V 尾向右的一个附加侧力，相对于飞机重心会产生一个附加偏航力矩 Δm_y，但 $\dfrac{\partial m_y}{\partial \beta} > 0$，即提供了一个横向不稳定力矩，正好与 V 尾单独作用产生横向静稳定性相违背，随着 α 的增大，机翼上反引起的不对称下洗流场会更强，V 尾受其影响也就更严重。

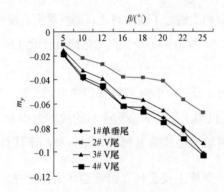

图 1.9　机翼有上反偏航力矩特性对比曲线　　图 1.10　机翼有上反滚转力矩特性对比曲线

但是 V 尾的上反程度是有一定界限的，一般上反 20°～45° 为宜，太小起不到 V 尾的上反效应，太大不仅会影响全机的纵向配平能力，而且会使横航向的恢复力矩过大，出现侧滑打舵无力，当超过临界迎角发生自转时，会使飞机进入尾旋。

1.4　串翼布局的气动特性数值模拟与分析

最新发展起来的串置翼布局飞机，以其结构和质量方面的优势，以及在理论上通过改变机翼之间的升力分布而使飞机的诱导阻力大大减小等诸多方面的优势，受到了设计者的青睐。国外对串翼的研究大多是在高于 10^6 雷诺数下进行的，而在低雷诺数下的气动特性在近几年已发展成为空气动力学研究的重大热点之一。Bottomley 阐述了串翼布局的发展历程并指出了此类布局的优缺点，Mark 等人研究了串翼优于单独机翼的气动特性。而对于鸭翼和主翼之间的气动力干扰、两者的动态偏转，以及主翼和鸭翼相对的布局高度对整个串置翼的升阻特性的影响，更值得做深入的探讨。

1.4.1　CFD 与 Daniel F.Scharpf 风洞实验的对比验证

图 1.11（a）为 Daniel F.Scharpf 的风洞实验模型，而在本次模拟中，我们采用了 Daniel F. Scharpf 风洞实验相同的参数设置，主翼和鸭翼选取两个相同的 FX63–137 翼型，弦长 6 in（1 in＝2.54 cm），展弦比 λ 为 2.67。并规定 S 为主翼四分之一弦长到鸭翼四分之一弦长之间的相对距离，G 为两者的垂直距离。（S、G 均为弦长的倍数）并规定主翼在鸭翼上方为正。雷诺数 R_c 约为 85 000，对 FX63–137 翼的动态偏转进行了数值模拟，分析了翼差角度对串置翼升阻特性的影响。

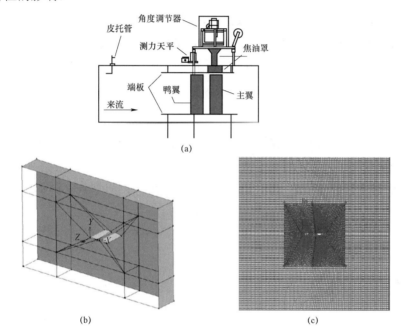

（a）

（b）　　　　　　　　　　　　（c）

图 1.11　计算网格局部示意图

（a）Daniel F.Scharpf 的风洞实验模型；（b）计算流体区域示意图；（c）外流场横截面网格

如图 1.12 和图 1.13 所示，计算结果和 Daniel 的风洞实验结果基本相吻合，可以看出，

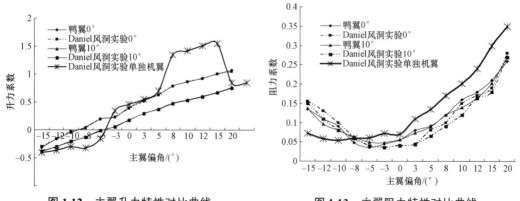

图 1.12　主翼升力特性对比曲线　　　　**图 1.13　主翼阻力特性对比曲线**

本计算程序比较可信，可用于此类问题的分析与计算。

1.4.2 翼差角度对串置翼升阻特性的影响

从图 1.12 和图 1.13 可以看出单独机翼在攻角达到 16° 时失速，但是当引入鸭翼时，主翼的升力系数会有所降低，但同时也延长了主翼的失速边界，这一方面是由于主翼处在鸭翼的后方，受到鸭翼涡下洗的影响，这使得主翼的平均有效迎角有所降低；另一方面是由于来流速度小，鸭翼涡造成的低压流场的影响所致，下洗气流会使得主翼下方存在一定的低压区域，这会使主翼损失一部分升力，二者的共同作用，会使得 0°、10° 的主翼升力曲线趋于平缓，并且 0° 曲线占据 10° 曲线上方，从而延长了失速边界。主翼的阻力系数也明显在 −8° 左右低于单独机翼，尤其是 α_w 达到 20° 时，阻力系数降低了约 24%，以 $\alpha_w = 5°$，$\alpha_c = 10°$，主翼的阻力系数降低了近 36%。这主要归因于它处于鸭翼的下洗区内，其所处区域的动压相比无下洗气流的动压来说较小，而且下洗气流可以削弱一部分迎风来流的强度，使主翼所承载的阻力有所降低。

如图 1.14 所示，当引入鸭翼时，鸭翼的升力系数明显要高于单独机翼的升力系数，这主要是由于鸭翼受到了后方机翼强上洗流场作用的影响。而且可以从图 1.14 看出，在串置翼布局中，鸭翼的升力特性正好与主翼的升力特性相反，但是鸭翼所处的流场环境尤其是迎风来流，与单独机翼大致相同，从图 1.15 可以看出，鸭翼的阻力系数与单独机翼相差不大。

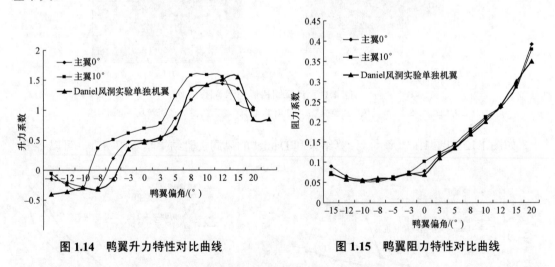

图 1.14　鸭翼升力特性对比曲线　　　　图 1.15　鸭翼阻力特性对比曲线

1.4.3 水平、垂直相对位置对串置翼升阻特性的影响

模拟中采用了分区网格生成技术，在主翼和鸭翼的近物面布置非结构网格，并实施加密，区域外布置结构网格，在模拟计算时，由于压强值较大，因此一律采用相对压强，温

度 300 K。并采用耦合−隐式求解器求解，模拟采用 $k-\varepsilon$ 湍流模型，应用 SIMPLE 迭代法，并同样采用壁面函数法。

此次模拟是分两组状态进行的，A 组：水平相对距离 S 为 1.5 倍弦长，垂直距离 G 为 0，入口速度 9 m/s，$R_c=85\ 000$，主翼、鸭翼偏角范围为 $-15°\sim20°$，保持与 Daniel F.Scharpf 相同的参数设置，飞行迎角以后翼飞行迎角而定；B 组：保持鸭翼 $\pm5°$ 偏角不变，S 为 1.5、2、3 倍单翼弦长，G 为 ±0.3 倍单翼弦长，共 12 种组合，研究了两翼之间的距离以及安装的相对高度对整个串置翼升阻特性的影响，得出了一些结论。

如表 1.2 和表 1.3 所示，在相同翼差角度的情形下，负的垂直相对位置，即上鸭翼，机翼位于鸭翼下方时，串置翼型有较好的升阻特性。而正的垂直相对位置，即下鸭翼，机翼位于鸭翼上方时，升阻特性不太好，一般是不利的。并且在上鸭翼布局中，随着水平相对距离 S 的增大，鸭翼和主翼之间的上洗、下洗作用，以及两者之间偏转所引起的气动力干扰也随之减弱，因此垂直高度对升力系数的影响也在降低。如表 1.4 和表 1.5 所示。

表 1.2 攻角 $\alpha=10°$、水平距离 $S=1.5$ 倍弦长时主翼、鸭翼各种参数对比

$\alpha=10°$	$G=-0.3$, $\alpha_c=5°$	$G=-0.3$, $\alpha_c=-5°$	$G=0.3$, $\alpha_c=5°$	$G=0.3$, $\alpha_c=-5°$
鸭翼（升力）	1.303 979 7	1.076 484 8	1.123 548 3	0.888 692 7
主翼（升力）	0.581 753 2	0.747 892 2	0.443 011 7	0.611 473 9
鸭翼（阻力）	0.217 662 9	0.062 986 5	0.181 835 1	0.551 880 1
主翼（阻力）	0.133 780 5	0.152 655 5	0.098 518 9	0.108 346 4

表 1.3 攻角 $\alpha=10°$、水平距离 $S=3$ 倍弦长时主翼、鸭翼各种参数对比

$\alpha=10°$	$G=-0.3$, $\alpha_c=5°$	$G=-0.3$, $\alpha_c=-5°$	$G=0.3$, $\alpha_c=5°$	$G=0.3$, $\alpha_c=-5°$
鸭翼（升力）	1.217 298 3	0.863 275 7	1.175 671 3	0.840 694 6
主翼（升力）	0.805 587 1	0.900 634 4	0.543 040 7	0.775 678 2
鸭翼（阻力）	0.201 882 1	0.066 047 1	0.196 657 3	0.065 636 5
主翼（阻力）	0.130 182 6	0.131 422 3	0.089 158 1	0.106 127 2

表 1.4 不同水平相对距离下各种参数对比

$\alpha=3°, \alpha_c=5°, G=-0.3, \alpha_w=0°$				
S	C_{cl}	C_{cd}	C_{wl}	C_{wd}
1.5	0.960 7	0.092 6	0.298 1	0.065 6
2	0.959 7	0.094 4	0.353 7	0.059 3
3	0.942 8	0.095 0	0.451 9	0.057 6

表 1.5　不同垂直距离下各种参数对比

$\alpha = 5°, \alpha_c = 5°, S = 1.5, \alpha_w = 0°$				
G	C_{cl}	C_{cd}	C_{wl}	C_{wd}
−3	1.090 9	0.119 1	0.384 3	0.082 2
0	0.997 2	0.112 5	0.279 0	0.056 0
3	0.968 4	0.110 5	0.328 5	0.071 7

从图 1.16 中可以分析，当气流以一定迎角流过鸭翼前缘时，因速度相对较大而产生很大的负压力，而鸭翼后缘受主翼的上洗作用增强，上翼面平均流速增大，因而在前后翼水

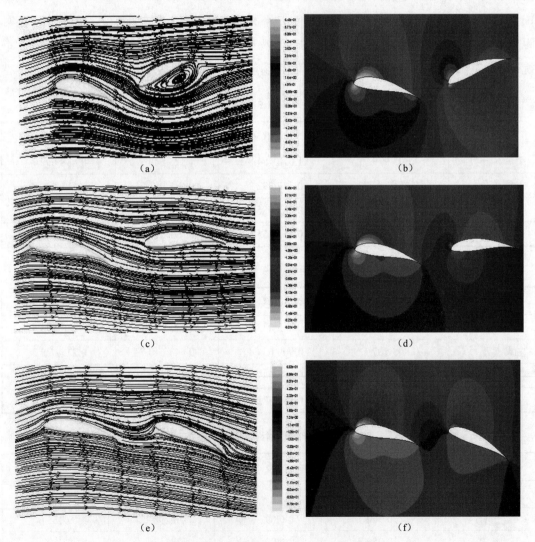

（a）　　　　　　　　　　　　　　（b）

（c）　　　　　　　　　　　　　　（d）

（e）　　　　　　　　　　　　　　（f）

图 1.16　不同舵偏角的鸭翼和主翼的速度矢量图和压力云图

（a）$\alpha_c = 10°$，$\alpha_w = -15°$，速度矢量；（b）$\alpha_c = 10°$，$\alpha_w = -15°$，压力云图；（c）$\alpha_c = 10°$，$\alpha_w = 0°$，速度矢量；
（d）$\alpha_c = 10°$，$\alpha_w = 0°$，压力云图；（e）$\alpha_c = 10°$，$\alpha_w = 20°$，速度矢量；（f）$\alpha_c = 10°$，$\alpha_w = 20°$，压力云图

平距离 S 为 0.5 倍单翼弦长时，鸭翼上表面前缘相比 S 为 3 倍单翼弦长存在更大的负压区域，并且随着 S 的增大，压力分布呈渐变状态，鸭翼受主翼的上洗作用也减弱，从而影响升力系数，呈现出水平相对距离 S 越近，鸭翼的升力系数越大的趋势。而后方主翼与鸭翼情形正好相反，水平相对距离 S 越近，主翼受鸭翼下洗作用越强，升力系数越小。

1.5　前掠翼鸭式布局的气动特性数值模拟与分析

随着航空新技术的不断发展，现代战机良好的气动特性越来越受到人们的重视，甚至过载失速机动能力已经成为新一代战机的基本特征。而自 20 世纪 60 年代中期瑞典的 Behrbohm 教授发现近耦鸭式布局在气动增升方面的优势以来，鸭式布局一直受到国际航空界的普遍重视。前掠翼布局飞行器有很多优越性能，如大攻角较好的失速特性、较好的低速操纵性能、低波阻等。J.Er-El 与 A.Seginer 研究了鸭式布局大迎角的涡干扰机理，G.E.Erickson 通过油流和激光蒸汽屏方法对鸭式布局在有无鸭翼时表面及空间流态进行了比较，研究发现鸭翼可以消除机翼前缘涡和机翼上表面之间的激波，同时可以使机翼前缘涡得到增强以延迟其破裂。西北工业大学的张彬乾教授通过风洞实验对前掠翼布局中鸭翼的布局位置对整个机体气动特性的影响进行了分析和探讨。

在前掠翼布局中，鸭翼发挥着非常重要的作用，由它产生的自身脱体涡系对主翼涡系能够产生有利干扰（主要体现在升力特性上），可以有效地控制边界层的气流分离，并且对主翼涡产生有力的控制。

在之前与风洞实验进行了对比，验证可信之后，本次模拟采用了成熟的 CFD 技术，定性和定量相结合，对不同布局的飞机进行了几何三维重建，研究了各种布局在各自不同攻角下的气动特性，通过分析速度和压力云图，深入研究各种布局在不同攻角下的气动特性，避免了通过风洞实验来获取这些数据周期长、费用高等诸多问题。

1.5.1　几何模型及边界条件的设置

如图 1.17 所示，模拟中对整机进行了局部的网格加密（不改变全机的网络拓扑结构），外流场径向尺寸取机身截面的 30 倍，将计算域划分为 24 个子区域，分别生成结构网格和非结构网格，主要集中在整个机体的近物面，实现了区域性局部加密，并且对其进行了光顺网格（smoothing）并交换单元面（swapping faces）处理，重新配置节点，修改单元连接性，提高了实验的精度。

首先 1# 代表无鸭翼布局的情况，在后掠鸭翼布局中，鸭翼前缘到机头的距离占机身全长的 42%、17% 分别代表 2#、3#；前掠鸭翼布局中，占机身全长 54%、42% 和 17% 分别对应 4#、5# 和 6#，上下鸭翼分别取 ±1/6 鸭翼弦长（距中轴线）。入口速度为 20 m/s，$R_c = 1.6 \times 10^5$，

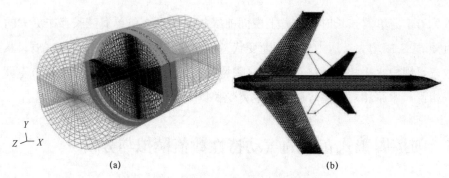

图 1.17 计算流体区域及网格的三维展示

(a) 计算区域；(b) 表面网格

在模拟计算时，由于压强较大，因此一律采用相对压强，温度 300 K，并采用耦合–隐式求解器求解，模拟采用 $k-\varepsilon$ 湍流模型，应用 SIMPLE 迭代法，并采用壁面函数法。

鸭翼涡与主翼涡的干扰行为主要通过两种途径实现：卷扰和诱导。其中卷扰是一种直接干扰，发生于两涡相对距离较近时，通过剪切层相互卷扰作用造成干扰；诱导是一种间接干扰，发生于两涡距离相对较远时，剪切层无法接触卷扰，干扰通过集中涡产生的诱导速度场造成的。

气动实验模型参数如表 1.6 所示。

表 1.6 气动实验模型参数

几何参数	前掠翼鸭式布局
前掠机翼	
参考面积/m²	0.056 25
平均气动弦长/m	0.437 68
翼根弦长/m	0.115
翼尖弦长/m	0.056
展弦比	5.12
根稍比	0.487
前缘/后缘掠角/(°)	−21，−34
前掠/后掠鸭翼	
参考面积/m²	0.006 8
平均气动弦长/m	0.189 2
翼根弦长/m	0.06
翼尖弦长/m	0.02
展弦比	4.73
根稍比	0.333
前缘/后缘掠角/(°)	46，26

1.5.2　实验结果及分析

1. 后掠鸭翼纵向位置对气动特性的影响

由图 1.18 可以看出，与无鸭翼布局（1#）相比，后掠鸭式布局（2#、3#）的纵向气动特性有了明显的改善。最大升力系数分别提高了 **44.69%** 和 **35.45%**，由此可见，鸭翼和主翼之间的气动力干扰与相互的耦合作用在全机的升力特性和稳定性方面做出了很大的贡献。

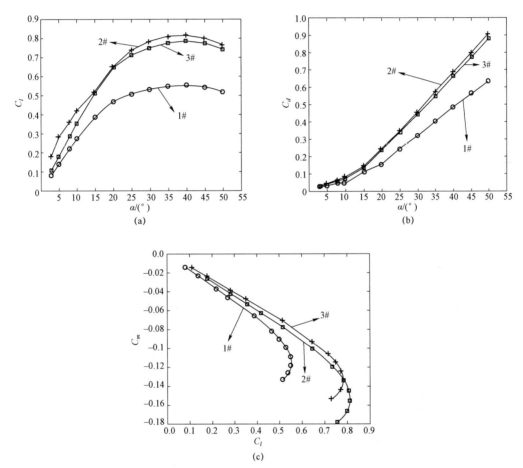

图 1.18　后掠鸭翼布局纵向位置的升阻力特性和俯仰力矩曲线

（a）升力特性；（b）阻力特性；（c）俯仰力矩特性

但阻力特性表明：当 $\alpha \leqslant 10°$ 时，全机的阻力特性无明显增加，主要是虽然鸭翼–前掠翼布局使全机的浸润面积增大，使得飞行过程中摩擦阻力增大，但是主翼处在鸭翼的下洗区内，其所处区域的动压相比无下洗气流的无鸭布局来说相对较小，而且下洗气流可以削弱一部分迎风来流的强度，使主翼所承载的阻力有所降低，两者相互补偿，使阻力无明显增加。但是随着攻角增大，摩擦阻力越来越占据主导地位，这使得总阻力特性增大。并且从图 1.18 中可以推断出：鸭翼-前掠翼布局良好的升阻特性在很大程度上归因于翼身表面流态的改善。但是随着层流化技术［混合层流控制（HLFC）］的不断发展以及湍流减阻技术的进一步实用化，此类布局飞机的摩阻有望进一步减小。

在中小迎角范围内（$\alpha < 10°$），鸭翼纵向位置（2#、3#）的改变对全机的纵向气动特性影响甚微，这主要是由于在中小迎角时，主翼、鸭翼自身的脱体涡还未形成，鸭翼位置越靠近主翼，鸭翼对主翼的下洗作用越强，主翼处的有效攻角越小，从而在小攻角范围内限制了主翼前缘脱体涡的发展，但是主翼对鸭翼的上洗作用得以增强，因此两者相互补偿使得全机的纵向气动特性没有发生太大变化。但是当迎角达到 20° 时，可以明显观察到近距鸭式布局（2#）主翼上表面产生了较强的集中涡及其卷扰形成的涡核。这主要是由于主翼本身上下翼面存在压差，下翼面气流有绕过前缘向上翼面流动的趋势，同时受到前方鸭翼涡产生的强下洗作用，使得主翼上表面发生气流分离形成自由涡层，这些离开物面的自由涡层在空中卷曲缠绕，形成稳定的集中涡，并且具有较高的轴向速度和周向速度，使主翼面上方的纵向和横向流动加速，负压增大，形成负的吸力峰值，因此能够提供可观的涡升力，并且在总的升力中占的比重较大，升力曲线出现非线性，变化明显。并且后掠鸭翼越靠近主翼，主翼对鸭翼的上洗作用越强，与下方的上绕气流共同作用，在鸭翼上方靠近内侧形成了二次涡，使得在升力特性上表现出了鸭翼的有利干扰，并且体现了鸭翼越靠近主翼，纵向气动特性越好的趋势。如图 1.19 所示。

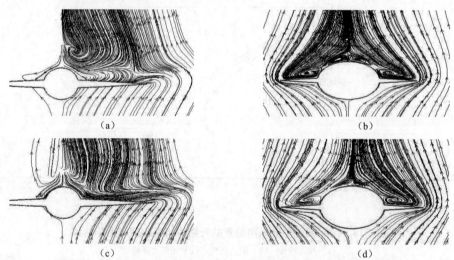

图 1.19　$\alpha = 20°$ 时 2#和 3#后掠鸭翼纵向位置垂直于涡轴截面的流线

(a) 2#主翼；(b) 2#鸭翼；(c) 3#主翼；(d) 3#鸭翼

2. 后掠鸭翼上下位置对气动特性的影响

如图 1.20 和图 1.21 所示，在整个迎角研究范围内，上鸭翼组合布局的纵向气动特性均强于下鸭翼，这和张彬乾教授得出的趋势是一样的。这个其实从流态可以看出，在小

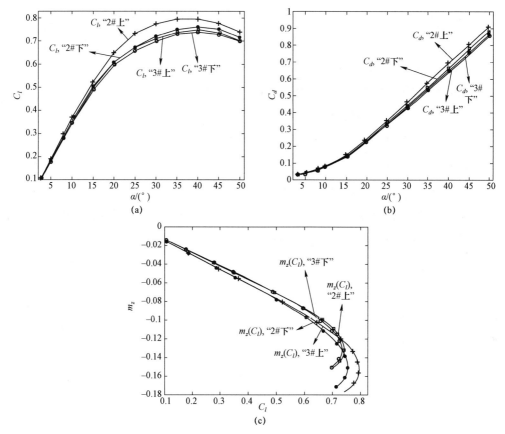

图 1.20　后掠鸭翼布局上下位置的升阻力特性和俯仰力矩曲线

（a）升力特性；（b）阻力特性；（c）俯仰力矩特性

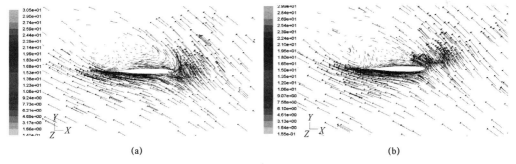

图 1.21　后掠鸭翼翼尖切面在 $\alpha = 40°$ 时 2#上鸭翼和下鸭翼的速度矢量图

（a）2#上鸭翼；（b）2#下鸭翼

迎角范围内，即 $\alpha < 10°$ 时，主翼、鸭翼均保持自身的常规流态，表面基本上无旋涡及破裂点出现，因而表现在全机的升阻特性上，没有发生大的变化，上下位置的变化对其影响甚微。在大迎角范围内，即 $\alpha > 10°$ 时，下鸭翼布局所产生的鸭翼前缘涡明显弱于上鸭翼，而且破裂较早，这使得鸭翼本身产生的涡升力贡献减小，而且对后上方主翼的影响也减弱，即下鸭翼所产生的鸭翼涡对主翼涡的控制力减弱，从而主翼涡变得极不稳定，气流较早分离，其自身提供的涡升力急剧下降。这时下洗作用却占据主导地位，随着鸭翼越靠近主翼，下鸭翼的下洗作用越强，主翼有效攻角越小，升力损失越大，因此，上鸭翼布局在整个攻角研究范围内均优于下鸭翼。而阻力特性虽与升力特性保持相同的变化趋势，但无明显增加，这主要是由于在大迎角飞行时，摩阻占据了主导地位。

3. 前掠鸭翼纵向位置对气动特性的影响

从图 1.22 可以看出，与文献一样，即前掠鸭翼–前掠翼组合气动布局呈现出与后掠翼不同的气动特性。在整个攻角研究范围内，前掠鸭翼不像后掠鸭翼一样呈现出鸭翼越靠近主翼，纵向气动特性越好的趋势，而是像 5#鸭翼位置一样（沿机身 42%），有一个过渡布局，在此之前，呈现前掠鸭翼离主翼越远，纵向气动收益越好的趋势，如 6#（沿机身 17%）。之后，在前掠鸭翼与主翼近距耦合时，如 4#（沿机身 54%），气动收益又得以回升，收到最佳。

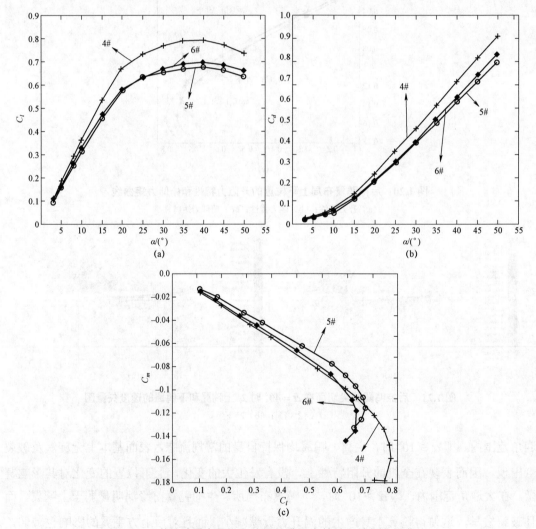

图 1.22 前掠鸭翼布局纵向位置的升阻力特性和俯仰力矩曲线
（a）升力特性；（b）阻力特性；（c）俯仰力矩特性

这主要是由于前掠翼与后掠翼的展向流态呈相反趋势，即前掠翼具有独特的指向内翼的展向流动特点，也就是说，来自前方的气流主要集中影响主翼的内侧，而这恰好又是主翼流态最坏的根部分离区。在前掠鸭翼布局中，由于前掠鸭翼产生的前缘涡较早，因而破裂得也较早，因此自身提供的涡升力下降的同时，加速了鸭翼根部的气流分离，此时，鸭翼脱体涡对主翼的影响减弱。因此，在前掠翼布局中，鸭翼对主翼的下洗占据了主导作用，前掠翼越往后，对主翼的下洗作用越强，气动收益也就越差，但当前掠鸭翼过了"中立"位置之后，主翼对鸭翼的上洗作用又得以回升，使得主翼翼根更加"干净"，根部流态得以改善，因此在近距主翼位置又收获了较好的气动特性（如 4#）。

如图 1.23 所示，当 $\alpha = 20°$，4#（沿机身 54%）、5#（沿机身 42%）在主翼面都形成了自身的涡结构及涡核，并且 4#的涡强度较强，涡心距翼表面较低，该涡几乎控制了 60%以上半翼展的流动，增强了对主翼面流动的控制能力，而 5#产生的涡强度也较强，但它的涡心距翼表面较高，这样对主翼流动的控制能力要弱于 4#，并且越靠近主翼，鸭翼受主翼的上洗作用越强，因此鸭翼涡产生的强度也越强，两者共同作用贡献了很大的涡升力，升力特性良好。

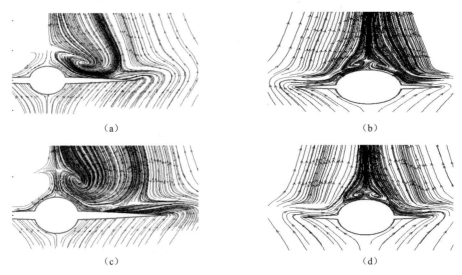

（a）　　　　　　　　　　　　　　　（b）

（c）　　　　　　　　　　　　　　　（d）

图 1.23　$\alpha = 20°$ 时 4#和 5#前掠鸭翼纵向位置垂直于涡轴截面的流线
（a）4#主翼；（b）4#鸭翼；（c）5#主翼；（d）5#鸭翼

4. 前掠鸭翼上下位置对气动特性的影响

从图 1.24 和图 1.25 可以看出，前掠鸭翼布局又表现出与后掠鸭翼相反的情形。在达到一定攻角后，下鸭翼组合的气动特性要优于上鸭翼，这主要是由于前掠鸭翼与后掠鸭翼自身的流态特点所致。在前掠鸭翼布局中，鸭翼涡的提前产生和较早破裂，使得鸭翼脱体涡对主翼涡的控制力减弱，涡升力遭受较大损失，而下洗作用变成了鸭翼对主翼的有利干扰。下鸭翼对后方主翼的下洗作用明显强于上鸭翼，虽使主翼的有效攻角有所降低，但由于主翼翼根受鸭翼下洗气流的影响，翼根的流态得以改善，再加上主翼对下鸭翼的上洗作用也较强，二者相互作用，使得下鸭翼组合的气动特性优于上鸭翼组合。

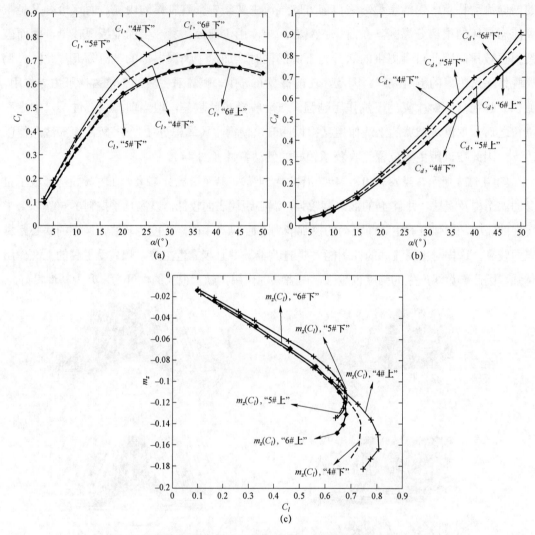

图 1.24　前掠鸭翼布局上下位置的升阻力特性和俯仰力矩曲线

（a）升力特性；（b）阻力特性；（c）俯仰力矩特性

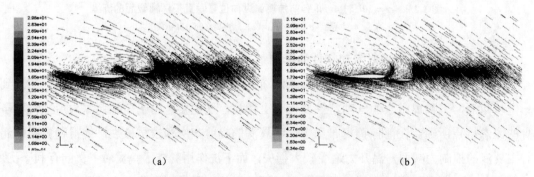

图 1.25　前掠鸭翼翼根切面在 $\alpha = 40°$ 时 4#上鸭翼和下鸭翼的速度矢量图

（a）4#上鸭翼；（b）4#下鸭翼

如图 1.26 和图 1.27 所示，主翼贡献了绝大部分升力和阻力特性，其次是机身，最后是鸭翼。具体的前掠后掠、上下位置布局的压力云图如图 1.28 所示。

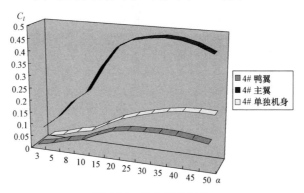

图 1.26　升力特性对比

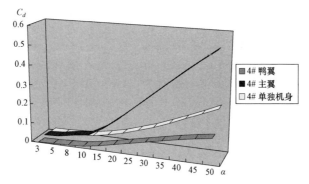

图 1.27　阻力特性对比

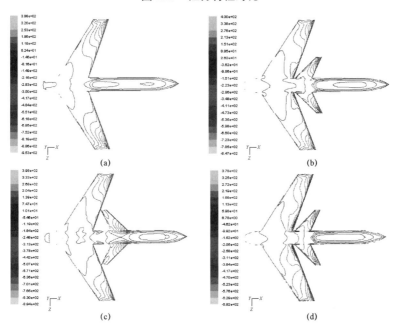

图 1.28　$\alpha = 40°$ 时前掠机翼布局上表面的压力云图

（a）1#纵向位置；（b）4#纵向位置；（c）2#纵向位置；（d）4#前掠上鸭翼

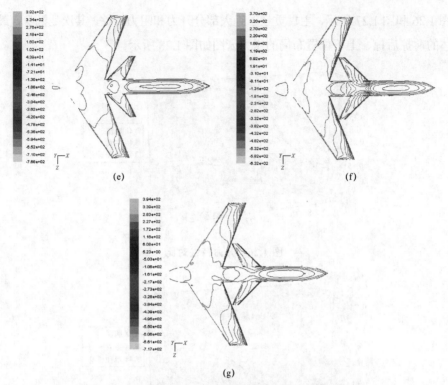

图 1.28　$\alpha=40°$ 时前掠机翼布局上表面的压力云图（续）

（e）4#前掠下鸭翼；（f）2#后掠上鸭翼；（g）2#后掠下鸭翼

1.6　本章小结

（1）本章通过对不同尾翼布局的飞机模型进行了并行数值模拟计算，得出了下列结论。

① 尾翼的不同布局形式对全机的最大升力系数及其斜率，以及零升阻力系数均没有明显影响。

② 机头与机翼脱体涡的存在使得机翼后产生严重不对称下洗流场，该流场与尾翼的安装相对高度相互作用是导致全机纵向力矩曲线发生"回环"的主要原因，严重影响尾翼的配平能力。

③ V 形尾翼处在上反机翼的不对称下洗流场中，会产生一个附加侧力，此力会对全机产生一个航向不稳定力矩，与单独 V 形尾翼对全机的航向静稳定的贡献相违背，这与文献得出的结论吻合，要权衡考虑。

（2）本章通过对不同的串置翼布局进行数值模拟计算，得出了下列结论。

① 通过对 Daniel F.Scharpf 风洞实验结果的验证，证明了本章计算程序的可行性。

② 串翼布局大迎角气动性能的提高主要取决于主翼、鸭翼前缘的相对位置；上、下洗流场的不对称性，也就是它们之间的气动力干扰，达到最优化。

③ 上鸭翼一般比中鸭翼、下鸭翼的位置造成的干扰效应好，上鸭翼有较高的最大升力系数和临界迎角，可以显著改善串置翼型的气动特性。

④ 鸭翼同主翼组合，鸭翼自身所产生的脱体涡，可以显著改善大迎角下机翼的流态，使翼面基本不出现明显的分离区，延长失速边界。

（3）本章通过对鸭翼-前掠翼布局的气动特性进行的数值模拟，得出了以下结论。

① 中小迎角飞行时，鸭翼-前掠翼气动特性的提高主要取决于主翼、鸭翼的相互位置，使其上、下洗作用及相互之间的气动力干扰达到最佳。

② 大迎角飞行时，该布局气动效益的提高不仅与鸭翼翼形是否前掠、后掠有关，而且与主翼、鸭翼自身脱体涡的强度、位置、破裂的早晚以及相互之间的控制力大小有关。

习题 1

1.1　什么是流线、迹线？流线和迹线有什么区别？

1.2　直角坐标系中，流场速度分量的分布为 $v_x = 2xy^2$，$v_y = 2x^2y$，试求过点（1，7）的流线方程。

1.3　流体运动具有分速度 $\begin{cases} v_x = \dfrac{x}{(x^2+y^2+z^2)^{3/2}} \\ v_y = \dfrac{y}{(x^2+y^2+z^2)^{3/2}} \\ v_z = \dfrac{z}{(x^2+y^2+z^2)^{3/2}} \end{cases}$，试问该流场是否有旋？如果无旋，求出其速度势函数。

1.4　已知用拉格朗日变量表示的速度分布为 $u=(a+2)\,e^t-2$，$v=(b+2)\,e^t-2$，且 $t=0$ 时，$x=a$，$y=b$。求：（1）$t=3$ 时质点分布；（2）$a=2$，$b=2$ 时质点的运动规律；（3）质点加速度。

1.5　飞机在 12 000 m 的高空飞行，其速度为 1 800 km/h，求该飞机的飞行马赫数。若在发动机尾喷管出口处，燃气流的温度为 873 K，燃气速度为 560 m/s，燃气的绝热指数 $K=1.33$，气体常数 $R=287.4\,J/（kg·K）$。求尾喷管出口处燃气流的声速和马赫数。（$H=$ 12 000 m 时的声速为 295.1 m/s）

1.6　给出 Navier-Stokes 方程的详细推导过程。

1.7　在一次 CFD 计算过程中，所使用的 CFD 程序可大致分为哪几个环节？并简要介绍。

1.8　请简要概述何为离散化，并列举三个常用的离散化方法。

1.9　请简要概述一阶离散格式与高阶离散格式的优缺点，并介绍三种高阶离散格式。

1.10　对比瞬态问题中显式和全隐式时间积分方案，并根据一维瞬态对流-扩散问题简要说明这两种积分方案的离散方程。

第 2 章

三维副翼铰链力矩计算

2.1 引言

作用在各种飞行器操纵机构（舵面、副翼等）上的空气动力，对其转轴产生的力矩称为铰链力矩。虽然铰链力矩不会很明显地显示在飞行器的运动方程中，但它对有控飞行特性有着十分重要的影响。

任何一种舵面要想正常偏转，必须克服自身的铰链力矩。控制系统发出的指令越大，舵偏角和舵机需要发挥的功率也就越大。但是由于舵机自身的功率大小有限，所以只可到达某一个指定的状态，这时指令再进一步增大，舵面将不再偏转。换句话说，在这种情形下，舵偏角的偏转与否将不再取决于系统指令的大小，而是取决于舵机的功率。这也使得可用过载和飞机机动性受到很大限制。从这些可以看出，铰链力矩越大，得到的舵偏转速度越小，飞机对控制指令的响应越缓慢。因此，铰链力矩大小将直接影响到飞机的机动性和飞行控制的精度。

2.2 铰链力矩及其影响因素

铰链力矩的产生机理如图 2.1 所示。

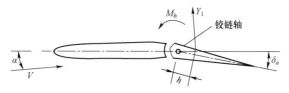

图 2.1 铰链力矩的产生机理

操纵面的铰链力矩为无量纲系数时，采用式（2.1）：

$$M_h = m_h q_r S_r b_{A.r} = m_h q k_T S_r b_{A.r} \tag{2.1}$$

式中，S_r 为舵面的面积；$b_{A,r}$ 为舵面的平均气动弦长。

从上面可以看出，铰链力矩系数的大小主要取决于舵的类型和形状、来流马赫数、飞机飞行的攻角 α、转轴的位置和舵偏角 δ_a。

在保持几何相似和空气动力相似的条件下，即保持舵面形状、马赫数、α 和 δ_a 角不变，如果增大舵面的尺寸或动压，铰链力矩会急剧增大。例如，如果线性尺寸增加至 2 倍，那么铰链力矩则会增至 8 倍。

因此，随着飞机气动外形的尺寸和飞行速度的不断增加，铰链力矩会急剧增大，那么舵面偏转所需要的力也就越大。目前确定铰链力矩最可靠的方法是风洞实验或飞行实验，但是影响铰链力矩的因素很多，有时是不太重要的几何特性（如舵前缘形状、舵面与稳定面之间的缝隙形状和尺寸、稳定面和舵面剖面形状等），而且其影响程度取决于马赫数、α 和 δ_a。

在实际设计中为了减小铰链力矩，所取舵轴一般都很靠近舵面的压心（即减小力臂）。但是这也带来一个很大的缺点，即在确定压心位置时哪怕只是很小的偏差，也会导致铰链力矩值的很大误差。例如，设 $h = 0.05 b_{A,r}$，确定压心位置的精度为 $\pm 0.02 b_{A,r}$，则 M_h 的误差可达 $\pm 40\%$。

因此依靠计算可获得的只是铰链力矩的数量级。尽管这样，通过计算来确定 M_h 的方法仍然是非常有用的。尤其是在飞机初步设计阶段甚至是非常必要的，因为它可以为选择舵传动装置的功率大小，确定舵面和操纵机构上的载荷大小提供大致的范围和方向。

2.3 铰链力矩的补偿方法

铰链力矩的补偿方法一般有两种：一种是通过气动补偿；另一种是通过控制调整片补偿。

2.3.1 气动补偿

气动补偿的关键在于减小舵面上气动力合力作用点到铰链轴之间的距离。这可通过改变气动力合力作用点或调整铰链轴前后位置来实现。常见的补偿形式有以下几种。

（1）移轴补偿。它属于调整舵面转轴位置的补偿形式。位于转轴前面的舵面面积叫作补偿面积。由于补偿面积上气动力所产生的对转轴力矩，与转轴后面的舵面面积上气动力所产生的力矩方向相反，因而铰链力矩减小。但转轴的移动有一定的限制，过分的后移会使铰链力矩系数变号，造成杆力与杆位移方向相反，操纵不协调，这种现象称为过补偿，在设计舵面时应尽量避免。

（2）突角补偿。它属于改变气动力合力作用点的补偿形式。此时翼端部分或全部伸至铰链轴前，使气动力合力作用点前移。其缺点是舵偏角大时易使突角部分气流分离，引起振动。

（3）内补偿。它实质上相当于移轴补偿，只是不改变铰链位置及舵面外形，而是在铰链轴前延伸一舌片，使它能在由密封布隔成上下两室的翼表面内部半闭室内转动。翼表面上下 A、B 处压强分别传至半闭室上下部分，则在舌片上就产生额外的气动力，使舵面（包括舌片）的气动力合力作用点前移。内补偿基本上不破坏剖面气动外形，但偏角受半闭室空间限制，一般用于副翼补偿。

此外，还有通过头部修形、后缘切割以及改变局部外形使气动力合力作用点前移；利用连杆机构使舵面后缘附翼（或附片）随舵面偏转而反向偏转，从而使气动力合力作用点前移等补偿方法。但这些补偿方法构造复杂，容易产生振动。

2.3.2　调整片

实际飞行中，只要操纵面上有铰链力矩，操纵面后缘通常都附有可供控制系统操纵的调整片。调整片的作用就是使铰链力矩为零或说是配平杆力。按飞行品质要求，调整片的设计应能保证在整个使用飞行包线内的直线飞行，全部可以配平或基本配平杆力。

2.4　ONERA–M6 机翼风洞实验及数值模拟

图 2.2 为 ONERA–M6 机翼风洞实验的实物安装图，在本次模拟中采用了分区布置结构化网格的方法。由于左右机翼的布局对称性，本次模拟中只建立了右侧机翼的三维模型，这样不仅可以单独研究一个机翼的气动特性，而且也省去了因为网格数量巨大影响迭代速度的问题。同时把机翼分割成了 9 个区，分别对其布置了结构化网格，并且对机翼的近物面进行了局部加密；而外流场边界则选取了 15 倍翼根弦长的距离。并模拟采用 Density

图 2.2　ONERA–M6 机翼风洞实验的实物安装图

Based-Explicit 显式求解器，翼根截面处设为 symmetry（对称）边界条件，模拟使用 Spalart-Allmaras（S-A）一方程湍流模型，壁面为无滑移的绝热固壁，并采用压力远场边界条件，运用 SIMPLE 迭代并使用壁面函数法。如图 2.3 和图 2.4 所示。

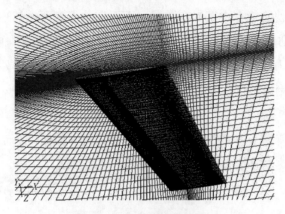

图 2.3　机翼表面网格细化

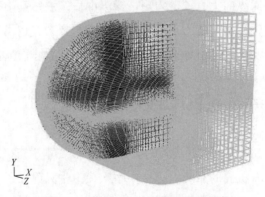

图 2.4　ONERA-M6 机翼外流场网格

在笛卡儿坐标系（x_1, x_2, x_3）下，定义速度分量为（u_1, u_2, u_3），采用求和约定惯例，不计体积力和无热源的三维 N-S 方程守恒形式为

$$\frac{\partial \boldsymbol{w}}{\partial t} + \frac{\partial \boldsymbol{f}_i}{\partial x_i} = \frac{\partial \boldsymbol{f}_{vi}}{\partial x_i} \tag{2.2}$$

式中，$\boldsymbol{w}$ 为状态矢量；$\boldsymbol{f}_i$ 为无黏（对流）通矢量项；$\boldsymbol{f}_{vi}$ 为黏性（耗散）通矢量。各项具体表达式如下：

$$\boldsymbol{w} = \begin{Bmatrix} \rho \\ \rho u_1 \\ \rho u_2 \\ \rho u_3 \\ \rho E \end{Bmatrix}, \boldsymbol{f}_i = \begin{Bmatrix} \rho u_i \\ \rho u_i u_1 + \rho \delta_{i1} \\ \rho u_i u_2 + \rho \delta_{i2} \\ \rho u_i u_3 + \rho \delta_{i3} \\ \rho u_i H \end{Bmatrix}, \boldsymbol{f}_{vi} = \begin{Bmatrix} 0 \\ \tau_{ij} \delta_{j1} \\ \tau_{ij} \delta_{j2} \\ \tau_{ij} \delta_{j3} \\ u_j \tau_{ij} + k \dfrac{\partial T}{\partial x_i} \end{Bmatrix} \tag{2.3}$$

在研究副翼铰链力矩前，我们首先把三维 CFD 计算的结果与风洞实验结果进行对比，计算了 $Ma = 0.839\,5$、$\alpha = 3.06°$ 时的 ONERA$-$M6 机翼的气动特性。图 2.5 和图 2.6 显示了机翼表面的压力云图和机翼上表面的 λ 激波。并且图 2.7（a）、（b）、（c）、（d）、（e）、（f）分别给出了 20%、44%、65%、80%、90% 及 95% 六个展向位置的弦向压力系数，与风洞实验数据吻合较好，CFD 模拟可信。

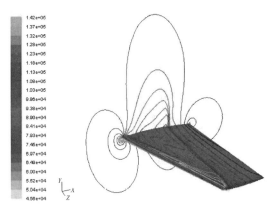

图 2.5　机翼表面压力曲线分布图

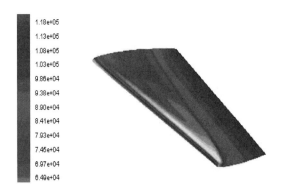

图 2.6　机翼表面压力云图

舵面铰链力矩是飞行器舵面操纵系统特性设计中的一个重要参数。舵面气动特性和舵面的铰链力矩的预测和设计始终存在很大的困难，过去基本上是单纯地依靠经过飞行试验考核的设计经验、数据库和风洞实验来获得。随着计算流体力学的全面发展，通过数值模拟获得比较可靠的数据成为可能。但模拟舵面绕流会涉及多翼面、舵面与主翼间几何外形的剪刀差、激波边界层干扰等许多流体方面的复杂流动问题。

李津和朱自强等人讨论了带副翼三维机翼绕流的 N$-$S（纳维$-$斯托克斯）方程解，李孝伟和乔志德等人则对带襟、副翼的机翼的黏性绕流进行了分析，这两者都是对整个舵面绕流流场进行了研究，而没有对舵面的偏转，以及偏转引起的铰链力矩的大小，以及带来的气动特性方面的影响给出一个定性和定量的分析和研究，但是吴宗成和朱自强等人对三维副翼铰链力矩的特性进行了数值计算和分析，而本章主要针对亚声速状态下三维副翼的偏转以及铰链力矩特性进行分析和探讨。

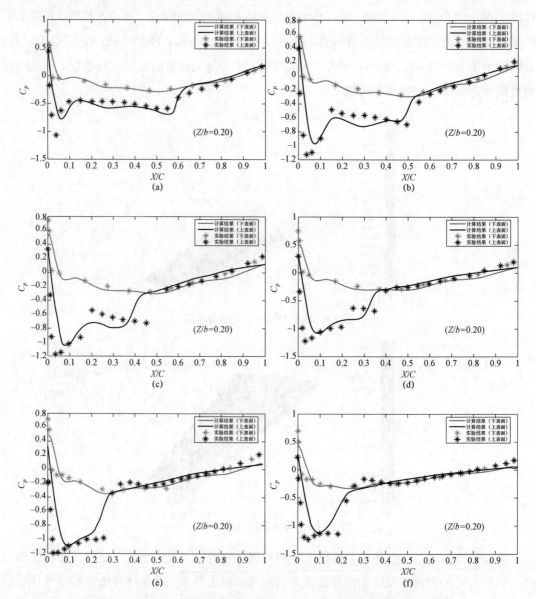

图 2.7　机翼表面六个展向位置的弦向压力系数与风洞实验数据对比曲线

（a）X/C=20%；（b）X/C=44%；（c）X/C=65%；（d）X/C=80%；（e）X/C=90%；（f）X/C=95%

2.5　铰链力矩的数值方法与计算网格

2.5.1　副翼为机翼后缘直接切割

如图 2.8 所示，由于现实中弦长为 95 mm 的凹凸薄翼型后缘厚度太薄，在工艺上很难加工成翼型舵，在弹载无人机气动布局初步研制试飞阶段，为了节省加工时间，降低成本，通常直接对机翼切割来获得舵面，如图 2.9 所示。由于舵形状与普通无人机不同，而且是试飞中采用的开舵主要方式，在工程上非常有必要研究无人机此种方式开舵对无人机副翼倒转现象的影响。由于舵不是由翼型构成，所以流场显示更加清楚。在课题进展中，很多舵向上偏转的阻力变化分析是从翼型直接切割舵流场分析中求出的。在下面机翼直接切割舵的分析中，采用翼型舵类似的方法进行分析。通过比较，分析各种舵对副翼倒转现象影响程度。与翼型舵相同，把直接切割舵离开原来位置，以舵上表面前缘为旋转轴旋转的角度定义为舵偏角，并且把舵向上偏转定义为正方向。分析流场的直接切割舵的宽度占弦长的25%。副翼的长度为矩形主翼长度的 70%。副翼中心距矩形主翼翼根 60%×副翼长。

图 2.8　一元硬币厚度与机翼厚度对比

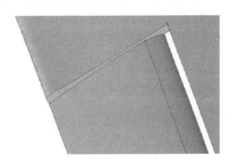

图 2.9　副翼为机翼后缘直接切割

2.5.2　铰链力矩的数值模拟方法

在上面的基础上，就可以研究副翼偏转引起的铰链力矩的问题了，本章中为了结果的准确性，直接对 ONERA–M6 机翼进行了切割，舵面缝隙为 2.4%C（C 为翼根弦长），舵面弦长约 28%C。同时采用了分区黏性对接网格的技术，即把整个带副翼的机翼分为了 5 个区，其中缝隙单独划分一个区，对其布置结构化网格，副翼和副翼前段机翼部分分别占一个区，两端机翼分别占一个区，区域与区域之间采用 interface 技术实现黏性对接，最后生成整个带副翼的机翼的三维流场。如图 2.10 和图 2.11 所示。

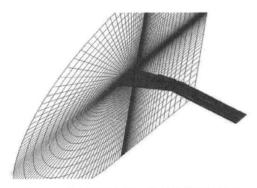

图 2.10　带副翼的机翼三维结构化网格流场

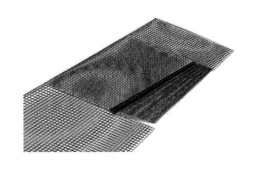

图 2.11　机翼表面的结构化网格

2.6 计算结果分析

2.6.1 不同攻角和舵偏角对副翼铰链力矩的影响

由图 2.12 可以看出：对于舵偏角为 $-5°$ 而言，在 $\alpha \leqslant 5°$ 时，来流作用在舵面产生的是一个向下偏转的正的抬头力矩，随着攻角的增加，舵面垂直于来流方向的投影面积不断地减小，故铰链力矩也在不断地减小；而当 $\alpha > 5°$ 时，铰链力矩开始换向，对于整个副翼来讲，为低头力矩，随着攻角的不断增大，有效攻角和舵面的投影面积在不断地增大，故铰链力矩在数值上表现为绝对值增加。同样对于舵偏角为 $0°$、$5°$、$10°$ 和 $20°$ 而言，它们的偏转都会产生方向向上的低头力矩，故从总体趋势而言，它们产生的铰链力矩绝对值的大小基本上也是随着攻角的增大而增加的。但中间也存在一些特殊情况，从图 2.12 中可以明显看出，铰链力矩曲线在大攻角时发生了"上翘"，即在某些舵偏角和攻角前提下，铰链力矩会产生一个方向变化的趋势。尤其是在亚声速（$Ma = 0.35$、0.5、0.6）前提下，当舵偏角一定大的时候，副翼产生的铰链力矩随着攻角的增大并不是单调增加的，而是会出现一个反向变化的趋势。

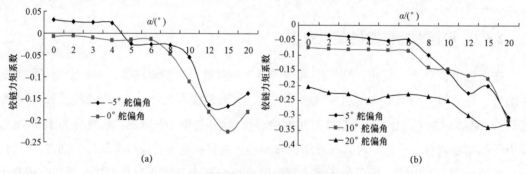

图 2.12 不同舵偏角下产生的铰链力矩

（a）$-5°$ 和 $0°$ 舵偏角；（b）$5°$、$5°$ 和 $20°$ 舵偏角

图 2.13 给出了缝隙 $2.4\%C$、$Ma = 0.6$ 时无副翼和带副翼（不同舵偏角）的整个机翼上下表面的弦向压力系数分布曲线。图 2.13（a）为 ONERA−M6 机翼原模型，没有副翼，故它的上下表面弦向压力系数的分布与一般机翼的典型流动相类似。而图 2.13（b）、（c）、（d）、（e）、（f）由于副翼的舵面偏转，其弦向压力系数明显区别于一般机翼模型，当舵偏角较小，（$\delta_a \leqslant 5°$）攻角较小时，主翼面和副翼之间存在缝隙，虽然缝隙的存在会影响气流在后方副翼舵面的流动，同时还损失一部分升力，但由于舵偏角和攻角都较小，流经舵面时，附面层还没有完全发生分离，后缘脱体涡并没有形成，故压力系数只是有些轻微的变化；当舵面偏转到一定程度时，见图 2.13（f），δ_a 达到了 $20°$，整个副翼段的升力明显增加，可以明显

看到靠近缝隙段处，整个机翼由于受舵面偏转的影响呈现出上表面压强减小，下表面压强增大，升力增加。

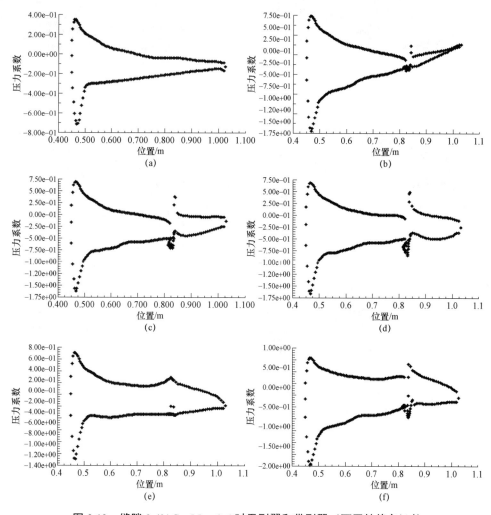

图 2.13   缝隙 2.4%C、Ma＝0.6 时无副翼和带副翼（不同舵偏角）的整个机翼上下表面的弦向压力系数分布曲线

（a）无副翼；（b）$\delta_a = -5°$；（c）$\delta_a = 0°$；（d）$\delta_a = 5°$；（e）$\delta_a = 15°$；（f）$\delta_a = 20°$

从图 2.14 中可以明显看出，舵面上表面压力沿着流向在不断地升高，同时气流也有分离的趋势，舵面下表面压力沿着流向在降低，舵面偏角越大，舵面上表面的压力就会越小，而下表面的压力就会越大，因此随着舵偏角增大，舵面的升力增大，舵面的铰链力矩也就增大。

图 2.14 为攻角 $\alpha = 20°$ 时机翼截面 65%C 处的流线图，可见，此时整个流场都处于分离流态，气流的卷积作用较强，靠近舵面和舵面后缘都产生了自身的涡系和明显的涡核。（涡心在不断地向后移动——为后面缝隙流动分析做准备）

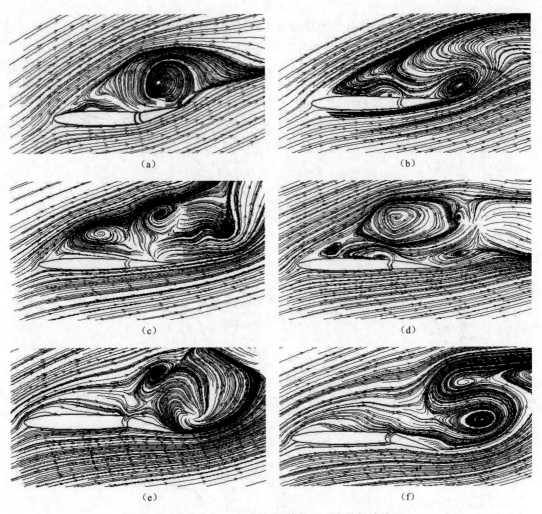

图 2.14 攻角 $\alpha = 20°$ 时机翼截面 65%C 处的流线图

（a）$\delta_a = -10°$；（b）$\delta_a = -5°$；（c）$\delta_a = 0°$；（d）$\delta_a = 5°$；（e）$\delta_a = 15°$；（f）$\delta_a = 20°$

2.6.2 不同马赫数对铰链力矩的影响

从图 2.15 可以看出当来流为超声速气流时，副翼偏转所产生的铰链力矩要明显大于亚声速来流情况，并且当副翼处在亚声速气流当中时，雷诺数较低，流速较为缓慢，并且低雷诺数的流动情况由于受各项黏性指数的影响较大而变得较为复杂。因此，从图 2.15 中可以看出，副翼铰链力矩系数随迎角变化的趋势较为平缓，并且 $\dfrac{\mathrm{d}C_m}{\mathrm{d}\alpha}$ 的非线性较为严重。而相对于亚声速而言，在超声速工况下，副翼铰链力矩系数的大小则随着迎角变化趋势变得较为敏感，并且 $\dfrac{\mathrm{d}C_m}{\mathrm{d}\alpha}$ 的线性规律明显要优于亚声速来流的情况，其曲线的斜率也较大。

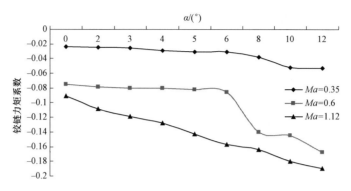

图 2.15 不同马赫数工况下铰链力矩的对比曲线

2.6.3 缝隙大小对铰链力矩的影响

如图 2.16（a）所示，在舵偏角 $\delta = 0°$ 时，随着缝隙的不断增大，在小攻角范围内（$\alpha < 5°$），铰链力矩系数基本没有大的变化，只有在大攻角下（$\alpha > 10°$），铰链力矩才发生变化，但是比较复杂，即随缝隙的增加铰链力矩的绝对值其实不一定是一直变小的。首先可以看到在小缝隙情况下（gap < 2.4%C），随着缝隙的增大，铰链力矩系数有小幅度的增加（绝对值），但是当到达 gap = 5%C 时，曲线再次发生了上翘，即铰链力矩系数却变小了，这主要是由于在小缝隙的情况下，如图 2.14 所示，缝隙的存在，使得来流通过缝隙处的气流流到舵面上表面，流速增大，上下表面的压差增大，上表面的负的吸力峰增大，故铰链力矩会在小缝隙增大而有小幅度的增量；而对于大缝隙而言，相比小缝隙流过缝隙处的气流流速降低，基本对于上表面的流速影响不大，这时反而上表面气流卷积作用减弱，产生的涡强度减弱，这又使得上下表面的压差降低了，故反映到铰链力矩特性是，反而又减小了。

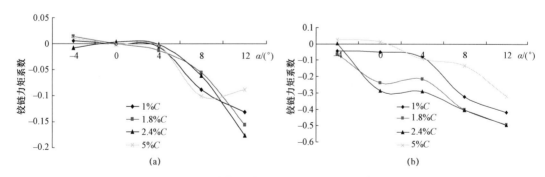

图 2.16 不同副翼偏角和缝隙大小工况下铰链力矩的对比曲线

（a）$\delta = 0°$ 时不同缝隙的铰链力矩；（b）$\delta = 10°$ 时不同缝隙的铰链力矩

如图 2.16（b）所示，我们又得出一个现象，即在大的舵偏角的情况下，产生了与图 2.16（a）中缝隙为 5%C 类似的情况，即随着缝隙的增加，铰链力矩系数在减小（绝对值）。这个同样可以由图 2.14 的流线图得到原因，从流线分布中可以明显看到随着舵偏角的不断增大，上表面由于卷积作用产生的旋涡的涡心位置在不断地挪后，尤其是 $\delta = 20°$ 时，在舵面后方反而产生了较好的旋涡涡系。同样由于涡心的不断后移，上表面的流速减小，上下表面的压力差又开始减小，因此铰链力矩在不断地减小。

从图 2.17 可以看出，在舵偏角为 0°、5° 和 10° 时，计算了 1%C、1.8%C、2.4%C 和 5%C 这四种缝隙下机翼表面的静压分布，随着缝隙的增大，舵面表面压强的变化主要集中在缝隙附近，而舵面其他部分的压强变化不太明显，随着缝隙的增大，舵面压心位置会有所前移。这些差异（主要表现在数据上）也可以通过下面的流场分析得到相应的解释。

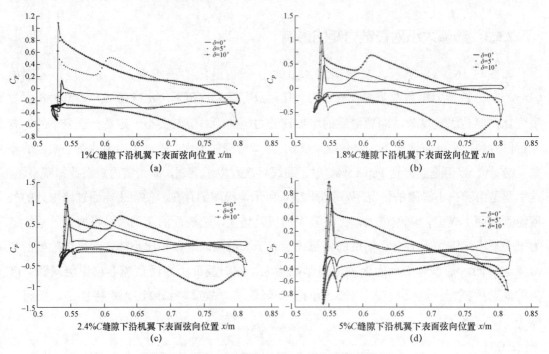

图 2.17　四种不同缝隙状态下副翼表面的压强分布
（a）1%C；（b）1.8%C；（c）2.4%C；（d）5%C

从图 2.18 可以看出，在舵面向下偏转 10° 的情况下，由于缝隙上下的压力差，气流更容易从高压区（下表面）通过缝隙，顺压流向低压区（上表面），缝隙的大小直接影响到通过缝隙处流速的大小，缝隙小时，通过缝隙的单位流量也较小，故流速较为缓慢，加上缝隙中间向上流动的气流和缝隙下端不断向后的流动气流的同时作用，实际上从流体力学的角度来看，在这里其实已经形成了一个较为典型的低雷诺数下的缝隙绕流流场，故在缝隙之间靠近机翼主翼端形成了较为明显的涡系和涡核；而对于缝隙稍大时，流动情况就会大大改善，通过缝隙的单位流量也得到了很大的回升，并且流速也会增大，从下表面流经缝隙到上表面的气流的冲积作用增强，故对于整个缝隙而言，流场扰动趋于平缓，脉动降低，气流通过缝隙时较为顺畅。从图 2.18 中也可以看出，缝隙大小的影响，直接导致从下表面流经缝隙到达上表面的气流流速不同，可以看出缝隙大的副翼后缘上方的低压区域明显要大于缝隙小的副翼，这些都可以通过上面相应的内部流场得到分析和证实。

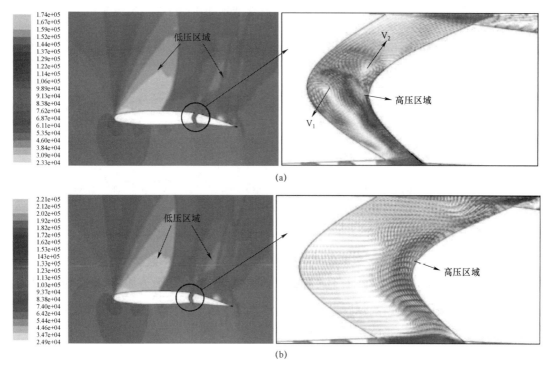

图 2.18　缝隙分别为 **1.8%**C 和 **5%**C 的压力云图和缝隙处的流线图

（a）缝隙为 1.8%C；（b）缝隙为 5%C

2.7　副翼大小对机翼气动特性的影响

在整个飞机的气动布局设计中，副翼的大小直接影响着飞机的各种飞行品质。在设计中，副翼的偏转常采用差动形式。本次模拟中采用三种副翼：1#窄舵（占弦长 16%）、2#中舵（占弦长 21%）、3#宽舵（占弦长 42%），研究了三种副翼在不同偏角（以舵面向上偏转为例）的情形下整个机翼的升阻特性，并采用横向对比对其原因进行了分析。

从图 2.19 中可以看到，三种副翼的有效升力面随着舵偏角 δ_a 的增大而减小，故其升力是持续降低的。图 2.20 中，1#副翼（窄）在向上偏转 25° 左右机翼的阻力达到最低，而 3#副翼（宽）则在向上偏转 16° 左右阻力达到最低，并且下降斜率也是最大的。这是因为窄舵相比宽舵来说对整个机翼的影响范围是比较小的，在舵与来流方向平行前，机翼上主翼部分阻力是持续降低的，并且占主导地位，但是舵向上偏转会使得上表面压强大于下表面，产生的压力差作用于舵会产生一个向前的推力，但是与宽舵相比起来对整个机翼的阻力影响不大。在舵达到与来流方向平行时（实验中为 5° 攻角），阻力达到最低。当超过平行临界位置时，舵又会与来流方向的夹角呈增大趋势，阻力也随之增大。而宽舵的偏转在很大程度上直接影响整个机翼的升阻特性，因此它的曲线要相对陡一些。可以考虑降低一部分升力的同时使舵始终保持一个向上的偏角，从而来减小迎风阻力。

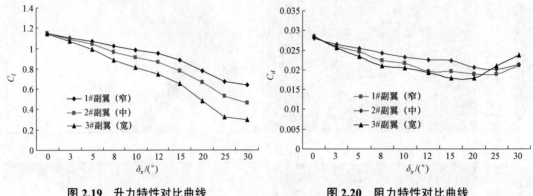

图 2.19　升力特性对比曲线　　　　图 2.20　阻力特性对比曲线

尤其是在无人机飞行中，当副翼差动偏转时，尾翼会处在机翼后方的不对称下洗流场中，并且副翼偏角 δ_a 越大，下洗的不对称紊流会越强，那么对于后方尾翼的影响也就越大。并且副翼越宽，其影响范围及强度也就越大，严重影响全机的航向稳定性；相反副翼越小，其操纵灵敏性又会越低，影响副翼的偏航效率。

2.8　本章小结

（1）在本章中首先对 ONERA−M6 机翼进行了三维几何重建，对比了 20%、44%、65%、80%、90% 及 95% 六个展向位置的弦向压力系数，与风洞实验数据吻合较好。

（2）采用了 ONERA−M6 机翼后缘直接切割形成副翼的方法，研究了不同攻角、舵偏角、马赫数以及不同副翼缝隙对副翼铰链力矩的影响，并且介绍了目前铰链力矩补偿的几种方法。

（3）研究了三种副翼在不同偏角（以舵面向上偏转为例）的情形下整个机翼的升阻特性，并采用横向对比对其原因进行了分析。

习题 2

2.1　有图 2.21 所示的二维稳态的对流−扩散问题，请用一阶迎风格式计算中心 α 点的变量 ϕ。已知变量 ϕ 的控制方程为 $\dfrac{\partial(\rho u\phi)}{\partial x}+\dfrac{\partial(\rho v\phi)}{\partial y}=\dfrac{\partial}{\partial x}\left(\Gamma\dfrac{\partial\phi}{\partial x}\right)+\dfrac{\partial}{\partial y}\left(\Gamma\dfrac{\partial\phi}{\partial y}\right)+S$。式中 $\rho=1$，$\Gamma=1$，$S=10-4\phi$，流场速度 $u=5$，$v=3$，网格距离 $\Delta x=\Delta y=1$。

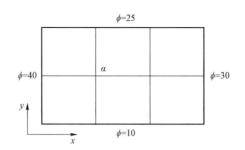

图 2.21　二维稳态的对流－扩散问题

2.2　流速为 $u_0 = 10$ m/s 沿正向的均匀流与位于原点的点涡叠加。已知驻点位于 $(0, -5)$，试求：(1) 点涡的强度；(2) $(0, 5)$ 点的流速以及通过驻点的流线方程。

2.3　平面势流由点源和点汇叠加而成，点源位于 $(-1, 0)$，其流量为 $\theta_1 = 20$ m³/s，点汇位于 $(2, 0)$ 点，其流量为 $\theta_2 = 40$ m³/s，已知流体密度为 $\rho = 1.8$ kg/m³，流场中 $(0, 0)$ 点的压力为 0，试求点 $(0, 1)$ 和 $(1, 1)$ 的流速和压力。

2.4　直径为 2 m 的圆柱体在水下深度为 $H = 10$ m 以水平速度 $u_0 = 10$ m/s 运动。试求：(1) A、B、C、D 四点的绝对压力；(2) 若圆柱体运动的同时还绕本身轴线以角速度 60 r/min 转动，试决定驻点的位置以及 B、D 两点的速度和压力。此时若水深增至 100 m，求产生空泡时的速度（注：温度为 15 ℃时，水的饱和蒸汽压力为 2.332×10^3 N/m²）。

2.5　写出下列流动的复势：(1) $u = U_0 \cos a$，$v = U_0 \sin a$；(2) 强度为 m，位于 $(a, 0)$ 点的平面点源；(3) 强度为 Γ，位于原点的点涡；(4) 强度为 M，方向为 a，位于原点的平面偶极。

2.6　介绍三种 SIMPLE 算法的改进算法，并说明其改进之处以及优缺点。

2.7　请对比结构网格与非结构网格的优缺点，并列出 SIMPLE 算法求解非结构网格的顺泰流畅的流程。

2.8　请给出雷诺方程的推导过程。

2.9　请列举出三种 RANS 方法运用的湍流模型，并简要说明这几种模型是如何处理雷诺应力的。

2.10　请给出 $k - \varepsilon$ 模型和 $k - \omega$ 模型的控制方程组，并结合方程组比较二者所适用的情况。

2.11　请简要说明近壁面区域的流动特点，并说明 $k - \varepsilon$ 模型和 $k - \omega$ 模型是如何处理近壁面区域的流动的。

2.12　请简要介绍 y^+ 的含义，并简要介绍如何通过 y^+ 得到近壁面网格的厚度。

2.13　请针对可压缩流体的二维管道流动，写出运用 RNG $k - \varepsilon$ 模型计算该流场的控制方程，并说明用数值方法求解该控制方程的流程。管道和流场的参数可自行选取。

第 3 章

螺旋桨辅助设计及全机气动特性分析

3.1 引言

由于螺旋桨的高效率特性，常常用于速度不是很高的飞机上，如直线客机、短程客机、侦察机。20 世纪 80 年代中期，随着计算机运算能力的迅速提高和 CFD 方法的更新改进，许多研究者开始尝试用 Euler 方程和 N-S 方程直接数值模拟螺旋桨与机身的干扰。Daniel J.Strash 利用笛卡儿全 Euler 方程的方法研究了螺旋桨滑流与机体之间的气动干扰特性。Jurg Muller 和 Marianne Aschwanden 对带螺旋桨的军用快速运输飞机（A400M PLA-4）的滑流影响进行了风洞实验，研制出了一种新型的发动机系统，并成功将其应用于此次低速风洞实验中。Fergal J.Boyle 应用 Euler 算法研究了在跨声速和亚声速条件下带六片桨叶螺旋桨的气动特性，并利用基于时间步长的龙格库塔法研究了定常和非定常两种状态下螺旋桨滑流的流场。Brian J.Gamble 和 Mark F.Reeder 分别利用静力分析和风洞实验两种方法，研究了螺旋桨和机翼之间的气动干扰特性。ONERA、Rruno 等人为求解飞行前状态多片桨叶的三维非定常流动问题，使用网格变形和重构来模拟各片桨叶的挥舞和变距运动。动态网格的一个优点是可计入桨叶实际的挥舞和变距运动，但其缺点是中间区域网格变形严重时会影响计算结果。Meakin 通过求解全 Euler 方程，计算得到了斜置旋翼飞机的非定常流场和载荷，但计算结果没有进行对比验证。Tung 等人首次尝试将不可压层流 N-S 方程作为主控方程用于求解悬停旋翼涡流场。Srinivasan 等人利用 N-S 方程对单独旋翼的盘旋和前飞流场进行了计算。Ahmad 和 Duque 采用运动嵌套网格方法来数值模拟 AH-1G 旋翼的前飞流场，但计算的桨叶压力分布与实验值差别很大，桨尖涡在计算过程中的耗散还是很快。Hariharan 等通过求解非定常 Euler 方程、N-S 方程计算了简化的旋翼、机身干扰模型的流场，他们选择的动态重叠网格方法相当费时，计算网格比较粗糙，影响了计算结果的精度。

由上面关于螺旋桨的 CFD 仿真现状可知，计算流体力学对螺旋桨仿真还处在研究阶段，而对螺旋桨设计方法的研究很少有公开的资料，大部分资料是对螺旋桨性能的评估。本章则采用滑移网格的方法对带螺旋桨的弹载无人机进行气动分析。

无人机能够在战术指标给定的情况下进行稳定飞行，必须满足如图 3.1 所示三个要素，如果有一个要素不能满足，无人机就不能正常飞行。目前市面上还没有飞行速度在 25 m/s，半径比 15 cm 小的大桨距螺旋桨（桨规格为 11.8×10），无法通过实验验证螺旋桨和发动机的匹配能否克服无人机在 25 m/s 时的阻力。本课题通过设计螺旋桨进行气动仿真来确定螺旋桨在总体指标下设计的可行性以及对发动机的性能指标要求。

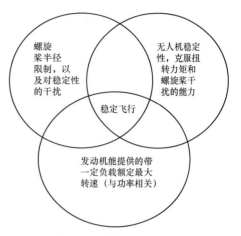

图 3.1　稳定飞行三要素

由于对螺旋桨仿真耗费时间长，通过目前市面上电动机能够达到的转速 6 000 r·min⁻¹，即 628.318 5 rad/s 开始进行仿真。来流速度为 25 m/s，来流迎角为 0°，采用 SIMPLER 算法进行不可压流场迭代。

由于是对带螺旋桨的全机进行气动模拟，生成的网格数已超过 200 万，普通计算机和单台服务器内存已经无法满足其实验精度和可行性的要求。故此实验是在高性能集群系统使用 cluster 架构搭建的并行 CFD 数值计算平台上运行的，该套系统配置了 36 颗安腾 2 处理器，计算网络配置 24 口 infiniband 交换机（1 台），管理网络配备有 3 Com 100 M 24 口交换机（1 台），计算理论峰值达 230.4 Glops（Glops 为 10 亿次运算/s）。

3.2　滑移网格技术与 CFD 验证

3.2.1　滑移网格技术

在滑移网格计算中，计算域至少包含两个存在相对运动的子域，每个运动子域至少有一个与相邻子域连接的交界面。本次模拟中，整个计算区域的网格被分为内外两个流场。内流场包住了火箭弹弹体的近物面，外流场则是整个区域的最外层作为压力远场的边界条件。中间通道的交界面设为 interface，滑移网格的计算中采用非正则网格技术，内流场与外流场在 interface 上通过插值来交换通量，即交界面两侧子域在交界面上不共用网格节点，在滑移交界面上保持通量守恒。因此内部区域不是用交界面两侧的网格面直接构成的，而是通过子域间的相对移动量重新计算得出内部区域的边界位置。

在图 3.2 所示的例子中，界面区域由面 A–B、B–C、D–E 和面 E–F 构成。交界区域可以分为 a–d、d–b、b–e、e–c、c–f。处于两个区域重合部分的面为 d–b、b–e 和 e–c，

这三个面共同构成内部区域，其他的面（$a-d$、$c-f$）则为成对的周期性区域。要计算穿过区域IV的流量，所用的面不是面$D-E$，而是用面 $d-b$ 和面 $b-e$，分别计算从 I 和 III 流入 IV 的流量。

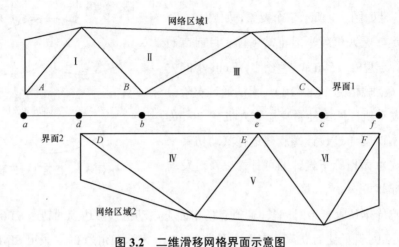

图 3.2　二维滑移网格界面示意图

3.2.2　CFD 验证

在研究弹载无人机中螺旋桨的转动以及转动给全机带来的气动特性方面的影响之前，首先要对我们即将采用的 CFD 模拟方法进行验证。为了检验该方法的正确性以及精度，我们又设计了一套实验装置，能够对 $V_0=0$ 条件下多组电机配合螺旋桨组合进行实验。如图 3.3 所示。

无刷直流电机是一种能将电能转化为机械能的装置，并且它具有振动小、噪声低、红外特征小、易于实现控制等优点。与通常的电机相比起来，它的主要特点是不存在任何电刷，单纯依靠电子调速器来实现电流换向，将输入的直流电转换为交流电来接通线圈，驱动转子实现转动。目前由于此类电机的能量转换效率和实现的转速都较高，很适合为大功率输出的无人机和航模的发动机提供强劲动力。

图 3.4 为螺旋桨滑移网格的内外流场，内流场用一个较小的仅能包裹住近物面的流场，对其布置非结构化网格，并实行加密处理，同时在外部建立一个较大的外流场，对其布置

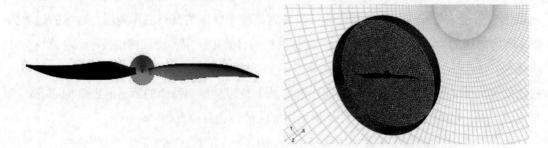

图 3.3　螺旋桨三维视图　　　　　**图 3.4　螺旋桨滑移网格的内外流场**

结构化网格，中间层部分采用 interface 技术实现黏性对接，从而直接生成整个流场。这样不仅可以实现对近物面的区域性局部加密，又可以适当地减少网格总量。螺旋桨自身在转动的同时，把内流场区域要设置成与螺旋桨相同的转速，这就要用到上面提到的滑移网格技术，即要把内流场设为动域，与螺旋桨的相对速度为 0，外流场为静域，从而完成整个滑移流场的数值模拟。

实验证明，如表 3.1 所示，在已知转速的情况下，数学模型计算、CFD 模拟和实验值得到的拉力平均误差在 5%左右。可以认为转速–拉力函数的精度很高，可以用于螺旋桨气动特性的研究。

表 3.1　CFD 和理论计算与实验数据的对比

计算结果	转速/（r·min⁻¹）						
	1 948	3 600	4 410	5 430	6 360	7 110	7 620
实验测得结果	0.223	0.752	1.078	1.666	2.352	2.940	3.528
理论计算结果	0.219 8	0.750 8	1.126 7	1.708 2	2.343 4	2.928 7	3.363 9
相对误差/%	1.43	0.16	4.52	2.53	0.37	0.38	4.65
CFD 模拟结果	0.233 1	0.762 5	1.126 3	1.675 8	2.362 2	2.951 9	3.451 9
相对误差/%	4.53	1.40	4.48	0.59	0.43	4.05	2.16

3.3　配合弹载无人机的螺旋桨的参数设置与网格生成

为了满足弹载无人机机动性灵活对高拉力的要求，我们对螺旋桨进行了适当的修形，如图 3.5 所示。表 3.2 给出了螺旋桨参数设置，并采用了 Clark–Y 翼型作为螺旋桨桨叶的翼型。在配有不同转速以及不同螺距的工况下，研究了螺旋桨的气动特性以及它的转动与弹载无人机机翼之间的气动力干扰等问题。

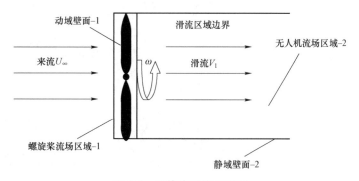

图 3.5　螺旋桨工作示意图

表 3.2 螺旋桨参数设置

几何参数	数值大小
螺旋桨直径 D	271.65 mm
桨毂直径 d_0	28.00 mm
桨叶数目 N_B	2
发动机转速 n	6 000 r · min^{-1}，8 000 r · min^{-1}，10 000 r · min^{-1}
桨叶翼型	Clark－Y
桨叶宽度 $b=f(r)$	Max：30.5 mm，Min：9.92 mm
桨叶厚度 C	Max：4.312 mm
螺距比	$0.056D$，$0.08D$，$0.17D$，$0.3D$，$0.5D$
桨距（安装角）θ（$r=56\%R$）	30°，38°，45°，50°，55°
桨叶扭角 χ	26.5°
实度 σ	0.058

在定好以上参数后，通过一条 NURBS（非均匀有理 B 样条）曲线连接多段翼型的前缘，另外一条 NURBS 曲线连接后缘，就可以生成 NURBS 曲面，就构成了螺旋桨的表面。在布螺旋桨滑移动域网格时，采用了尺寸函数控制网格的方法，在螺旋桨近物面生成 5 层以 1.3 倍缩放的三棱柱网格，然后整体生成滑移动域的非结构体网格。而机体部分则采用了分区布结构网格技术，静域与动域之间采用 interface 技术合并，生成整个带螺旋桨的无人机的流场（图 3.6）。

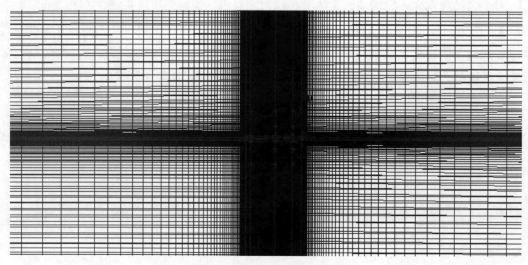

图 3.6 计算流体区域剖面图

3.4　实验结果与分析

3.4.1　单独螺旋桨转动

如表 3.3 所示，随着螺旋桨的引入，整个飞机的升阻力特性有了很大的改变，攻角 $\alpha = 0°$，螺旋桨的转动对整个飞机的升力贡献很小，都保持在 0 附近；而阻力特性表明，在螺旋桨与飞机近距耦合时，即 $X_0 / D = 0.056$ 时，阻力达到最大，大约螺旋桨推力的 20% 转化为机体的阻力，此后四个位置均保持相当的数量级。这主要是随着螺旋桨的引入，由于它的转动，整个飞机处在它所产生的滑流区，逆时针转动，会对右机翼产生上洗作用，对左机翼产生下洗作用，右机翼由于受到螺旋桨滑流的上洗作用，机翼的有效迎角增大，升力增加。相反，左机翼由于受下洗气流的影响有效迎角减小，升力下降，两者相互补偿，使得升力系数基本无明显变化，再加上 $\alpha = 0°$，因此均保持在 0 左右的水平。

表 3.3　单独螺旋桨转动时对全机气动特性的影响

坐标轴 X_0 / D	Z_0 / D	升力/N	阻力/N	滚转力矩/（N・m）	推力/N	螺旋桨力矩/（N・m）
0.056	0	0.000 9±0.002	2.043±0.04	0.003 0±0.001	10.84±0.03	0.499 6±0.01
0.08	0	0.001 4±0.002	0.085±0.04	0.004 2±0.001	10.83±0.03	0.498 2±0.01
0.17	0	0.001 2±0.002	0.077±0.04	0.002 7±0.001	10.78±0.03	0.497 9±0.01
0.3	0	0.001 1±0.002	0.080±0.04	0.002 9±0.001	10.83±0.03	0.487 6±0.01
0.5	0	0.001 0±0.002	0.089±0.04	0.001 7±0.001	10.80±0.03	0.487 2±0.01

如图 3.7 所示，螺旋桨旋转产生的轴向诱导速度又会产生诱阻，越靠近机翼，诱阻对整个飞机的影响也就越大，因此阻力在近距耦合时达到了最大。同时由于螺旋桨自身的转动

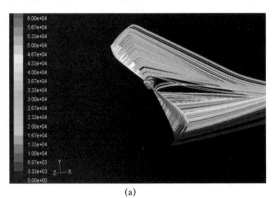
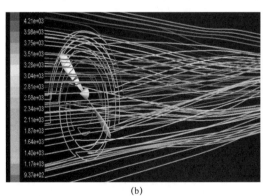

（a）　　　　　　　　　　　　　　（b）

图 3.7　螺旋桨滑流的三维流线

（a）螺旋桨表面粒子释放轨迹图；（b）螺旋桨尾流区域流线分布图

产生推力，虽受后方飞机的反作用力一定的影响，但影响甚微，因此推力基本保持不变，而作用在螺旋桨的扭矩由于无来风，没有受到迎面来流速度的影响，只有来源于自身的转动产生扭矩，因此螺旋桨的扭矩也基本保持不变。

如图 3.8 所示，在飞行速度不变的情况下，转速增加，桨叶的切向速度增大，进距比 $\lambda = \dfrac{V_0}{n_s D}$ 减小，桨叶的迎角增大，所以螺旋桨的推力与扭矩在一定范围内都随着转速的增加而增大。但是螺旋桨的效率并非与转速成正比，假设螺旋桨的转速为 $n_s(\mathrm{r/s})$，飞行速度为 V_0，在桨尖处的合速度为 $W_R = \sqrt{V_0^2 + (\pi D n_s)^2}$，相应的桨尖 $M_{aR} = \dfrac{W_R}{C} = \dfrac{\sqrt{V_0^2 + (\pi D n_s)^2}}{C}$，由此我们可以看出，桨尖马赫数与飞机的飞行速度和螺旋桨直径、转速有直接关系，如果转速太快，当桨尖 Ma_R 达到一定值时，由于受空气压缩性的影响，会在桨尖处引起激波损失，从而导致螺旋桨效率急剧下降，并且会产生很大的噪声。为了在最大平飞状态下获得高效率，一般要求桨尖的 Ma_R 不大于 0.95～0.97，因此在给定的飞行速度的前提下，可通过减小桨尖圆周向速度的方法来减小桨尖 Ma_R，同时也可通过增加螺旋桨实度（增加桨叶数目和桨叶宽度）的方法来限制螺旋桨的直径和转速。此外，合适的桨叶平面形状也可增大桨叶的临界 Ma_R，如采用马刀形螺旋桨，可以增大临界 Ma_R，提高大 Ma_R 下的螺旋桨的效率，同时降低噪声。

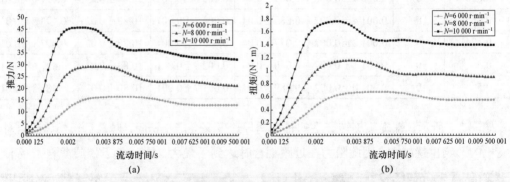

图 3.8　不同转速下螺旋桨产生的推力和扭矩的对比

（a）推力；（b）扭矩

3.4.2　带风速和螺旋桨转动

如表 3.4 所示，由于受到螺旋桨滑流的影响，左翼和右翼的升力都产生了变化，左机翼受螺旋桨滑流下洗作用的影响，升力减小；相反，右机翼受上洗气流的影响，升力有所增加。但处在滑流区，所受的型阻和诱阻基本相同，故阻力特性基本保持不变，基于此，图 3.9 分别截取了 A、B、C 三个截面，由上向下分别为 $z=0.05$、-0.281、-0.65，并展开流线和压力云图对涡系进行了分析。

表 3.4　带风速和螺旋桨转动对全机气动特性的影响

坐标轴 X_0/D	Z_0/D	升力（左）/N	阻力（左）/N	升力（右）/N	阻力（右）/N
0.056	0	-0.972 ± 0.2	0.71 ± 0.003	0.972 ± 0.2	0.71 ± 0.003
0.08	0	-0.910 ± 0.2	0.71 ± 0.003	0.910 ± 0.2	0.71 ± 0.003
0.17	0	-1.020 ± 0.2	0.71 ± 0.003	1.020 ± 0.2	0.71 ± 0.003
0.3	0	-1.021 ± 0.2	0.71 ± 0.003	1.021 ± 0.2	0.71 ± 0.003
0.5	0	-1.025 ± 0.2	0.71 ± 0.003	1.025 ± 0.2	0.71 ± 0.003

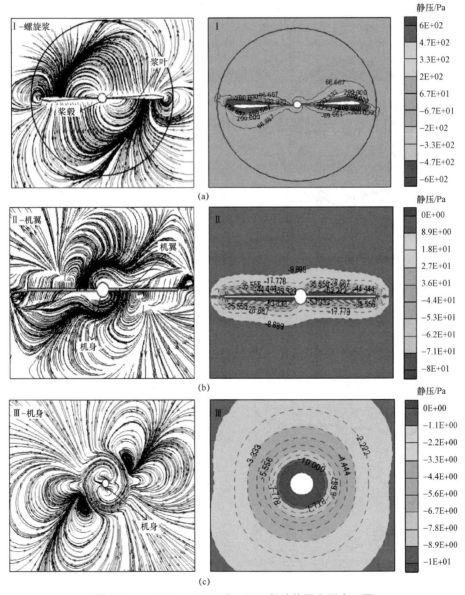

图 3.9　$z=0.05$、-0.281 和 -0.65 的流线图和压力云图

（a）$z=0.05$；（b）$z=-0.281$；（c）$z=-0.65$

（1）在 A 截面，由于螺旋桨的转动，其自身产生与旋转方向相同的涡系，涡核处在正中，强度也是最大的。并且在桨叶中部卷积作用最强，但同时由于螺旋桨的翼尖效应，在翼尖两端都同时产生了两个翼尖涡，并引起二次流，两涡与轴心呈反对称。

（2）在发展到机翼位置时，其流态与 A 截面大致相同，所不同的是涡流截面积在收缩，越靠近翼根，气流被加速得越快，并且我们可以看出在左机翼翼尖下方和右机翼翼尖上方各产生了自身的涡系。并且如压力云图所示，左翼和右翼由于受到螺旋桨滑流的影响，翼面上下的压力分布明显呈现不对称性。

（3）在发展到接近平尾时，螺旋桨产生的滑流流经机翼后，在机身的左下侧和右上侧各产生了一个明显的涡核，并且气流绕着涡核各产生两个方向相反的旋涡。

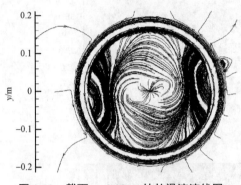

图 3.10　截面 $z=0.03$ m 处的滑流流线图

但是在截面 $z=0.03$ m 处，如图 3.10 所示，螺旋桨滑流被分为三部分，在内部中心产生了一个旋涡，有自身的涡心，并且旋转方向与螺旋桨转动的方向保持一致；处在滑流最外侧，由于旋转的轴向加速，也产生了一个类圆周方向的流线，围绕着轴心方向旋转加速；而处在内侧与最外侧的中间层，则产生了类似"双耳"的旋涡，这可能与著名的"卡门涡街"（Karman vortex street）的形成机理类似。

从图 3.11 和图 3.12 可以看出，带螺旋桨和不带螺旋桨，左右机翼上下表面的静压分布均发生了变化。首先左右机翼的下表面静压沿展向分布的趋势发生了变化，以左机翼为例，无动力时，其静压沿展向的分布是向翼根方向逐步减小的（绝对值），而有动力时，静压分布总体趋势是负值增加的；而左右机翼上表面的压力分布则与下表面不同，与无动力时相比，上表面的静压分布沿展向变化的总体趋势大致相同，只是数值上发生了平移，大约有12%负值方向的增量。如图 3.13 所示。

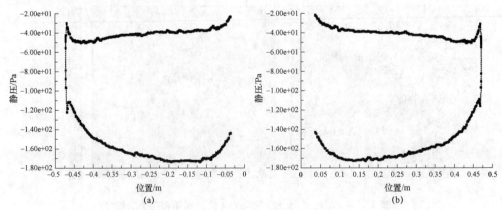

图 3.11　无螺旋桨转动工况下 25%机翼弦长处左右机翼上下表面的静压分布
（a）左机翼；（b）右机翼

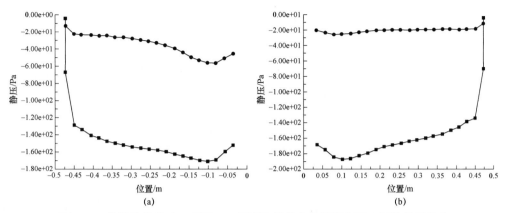

图 3.12　带螺旋桨转动工况下 25%机翼弦长处左右机翼上下表面的静压分布
（a）左机翼；（b）右机翼

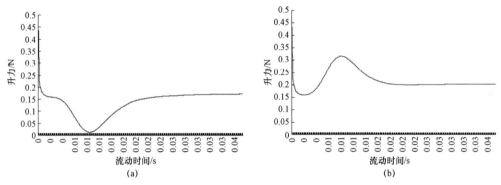

图 3.13　左机翼和右机翼的升力特性曲线随时间的非定常迭代过程
（a）左机翼；（b）右机翼

通常滑流直径在理论计算中保持不变，但如图 3.14 所示，螺旋桨产生滑流后，随着向后移动不断与周围空气相混合，并受到黏性损耗使得滑流直径不断向外扩散。并且我们可以看出螺旋桨滑流对左右机翼的影响基本都集中在靠近机身处，展向尺度为 0～0.03 m 之间，在此之后，螺旋桨滑流对机翼的影响越来越小。

图 3.14　螺旋桨滑流流经机翼的流线图

3.5　螺旋桨的效率

在桨叶的任意半径处，剖面弦线与螺旋桨旋转平面之间的夹角 θ，定义为桨叶剖面的安装角，现在也称为桨距，为使整个螺旋桨叶素均在有利迎角下工作，就必须对桨叶沿径向扭转，因此叶素安装角沿桨叶半径方向是变化的。实验模拟中，选取 $r=56\%R$ 为安装角参考位置，θ 分别为 30°、38°、45°、50°、55° 五种位置，桨叶扭角 χ 大约 26.5°，对带螺旋桨无人机的气动特性进行了分析。如表 3.5 所示。

表 3.5　转速为 $N=6\,000\ \mathrm{r \cdot min^{-1}}$、飞行速度 $V=25\ \mathrm{m/s}$ 时不同安装角对螺旋桨性能的影响

坐标轴 X_0/D	Z_0/D	推力/N	螺旋桨力矩/（N·m）	P_w/W	P_e/W	η/%
30°	0	3.11±0.03	0.268 7±0.01	168.824 21	77.75	46.05
38°	0	10.90±0.03	0.623 7±0.01	391.870 71	272.5	69.54
45°	0	11.84±0.03	1.010 3±0.01	634.771 49	296.0	46.63
50°	0	13.18±0.03	1.282 2±0.01	805.606 26	329.5	40.90
55°	0	13.64±0.03	1.572 6±0.01	988.064 58	341.0	34.51

如图 3.15 所示，在飞行速度 V_0 和螺旋桨转速 n_s 保持不变的情况下，随着螺旋桨安装角的不断增大，由它产生的推力在不断地增大，其有效功率 p_e 也随之增大，而螺旋桨的扭矩也因桨叶自身安装角的增大使得气流经过桨叶时的有效迎角增大，故螺旋桨自身相对桨毂的扭矩也随之增大，其吸收功率 p_w 也随之增大。

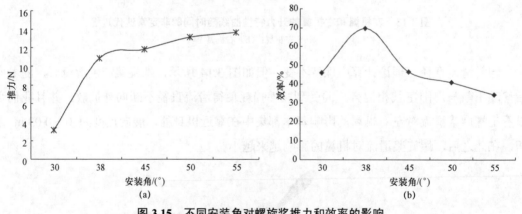

图 3.15　不同安装角对螺旋桨推力和效率的影响
（a）推力；（b）效率

但螺旋桨的效率并不与桨叶安装角的大小完全成正比，它在 $\theta=38°$ 时，效率 η 达到最大，$\eta=69.54\%$，而在其他位置效率则并未达到最佳。这主要是由于飞机在飞行过程中，流经桨叶各剖面的气流速度是由沿旋转轴方向的前进速度和旋转产生的切线速度合成的。

当桨叶安装角增大到一定数值时，桨叶的迎角可能最大，但一些剖面由于迎角过大超过失速迎角时，螺旋桨的气动特性就会变坏，因而螺旋桨产生的推力会急剧减小，如图 3.15 中 $\theta=50°$ 和 55° 时，推力的增加已经趋于平缓，如果再增大桨叶安装角，螺旋桨所提供的

推力就会急剧减小，有效功率随之减小；而与之不同的是桨叶安装角的增加，会使高速气流作用在桨叶切面的垂直分量增大，这可以大大地增加桨叶相对于桨毂的动力矩，螺旋桨的吸收功率 p_w 也随之增大，两者共同作用，会直接影响螺旋桨的工作效率。

3.6   螺旋桨的噪声分析

3.6.1   FW–H 方程声学模型

本章中采用的是 Ffowcs Williams 和 Hawkings 提出的 FW–H 方程模拟声音的产生与传播，这个方程采用了 Lighthill 的声学近似模型，如图 3.16 所示，即将声音的产生与传播过程分别进行计算，从而达到加快计算速度的目的。并且 Fluent 采用在时间域上积分的办法，在接收声音的位置上，用两个面积分直接计算声音信号。这些积分可以表达声音模型中单极子、偶极子和四极子等基本解的分布。积分中需要用到的流场变量包括压强、速度分量和音源曲面的密度等，这些

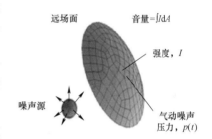

图 3.16   FW–H 声学模型

变量的解在时间方向上必须满足一定的精度要求。满足时间精度的解可以通过求解非定常雷诺平均（URANS）方程获得，也可以通过大涡模拟（LES）或分离涡模拟（DES）获得。音源表面既可以是固体壁面，也可以是流场内部的一个曲面。噪声的频率范围取决于流场特征、湍流模型和流场计算中的时间尺度。FW–H 方程如式（3.1）所示：

$$\left(\frac{1}{c_0^2}\frac{\partial^2}{\partial t^2}-\frac{\partial^2}{\partial x_i^2}\right)[Hc_0^2(\rho-\rho_0)]=-\frac{\partial}{\partial x_i}\left[L_i\,|\,\nabla f\,|\,\delta(f)\right]+\frac{\partial}{\partial t}\left[\rho_0 U_n\,|\,\nabla f\,|\,\delta(f)\right]+\frac{\partial^2(HT_{ij})}{\partial x_i\partial x_j}\quad(3.1)$$

3.6.2   螺旋桨噪声的数值模拟

气动噪声的计算大体上可以分为两大步：首先通过流场计算，求出满足时间精度要求的各相关变量（压强、速度和密度）在音源曲面上的变化过程，然后利用 PISO 迭代法求出的音源数据计算声音接收点处的声音压强信号，计算得到的声音压强信号可以用快速 Fourier 变换进行处理，也可以在后处理中计算声音压强的总体水平和功率谱。

对于航空螺旋桨、直升机旋翼和各类叶轮机械来说，其共同特征是由旋转叶片发声。旋转叶片周围流场的本质特征之一就是流动的非定常性。在空气螺旋桨噪声中，最主要的成分是旋转噪声。而对于旋转噪声，可根据声源特征进一步区分为厚度噪声、负载噪声和四极子噪声。具有一定厚度的螺旋桨桨叶周期性地扫过周围空气介质，并导致空气微团的

周期性非定常运动，于是就产生了厚度噪声；负载噪声是拉力噪声与阻力噪声的组合，是由于桨叶叶面的压力场变化而引起的；四极子噪声包含非线性源与非线性传播两个因素，仅当螺旋桨处于桨尖相对运动超声速及跨声速运行工况时，才是重要的。

首先我们必须监测一个点的压力场，必须等到该点压力场稳定以后才能加入噪声模块，这是得到声音压强信号的必要前提。如图 3.17 所示，监测点点 1 处的压力场已经稳定（动能稳定）。

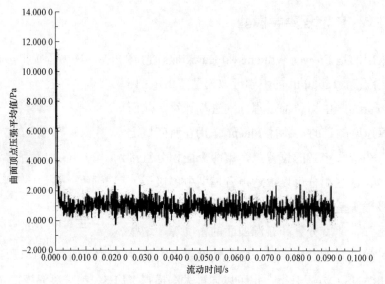

图 3.17　点 1 处的压力场（动能）

截取的四个监测点分别为弹载无人机下方 5 m 处为点 1，距离机头 0.05 m 处为点 2，距离机头 0.005 m 处为点 3，以及处在无人机尾迹区，距离机头 0.5 m 处为点 4。从图 3.18 可以看出，得到了这四个监测点的声音压强信号，计算得到的声音压强信号可以通过快速傅里叶变换进行处理，最终得到各个不同监测点位置处的气动噪声。从图 3.18 中可以看出，带螺旋桨的弹载无人机的噪声主要集中在靠近螺旋桨处和无人机的尾迹区，而处在无人机下方 5 m 处的噪声则低于 30 dB，并且跟地面大气压基本持平。

3.6.3　降低螺旋桨噪声可采用的措施

1. 一般措施

（1）降低桨尖相对马赫数，因为桨尖相对马赫数对螺旋桨辐射噪声的影响极为重大。

（2）增加螺旋桨桨叶的数目。这样可以在保持拉力和功率的前提下，减小螺旋桨的外径，从而达到降低桨尖相对马赫数的目的。

（3）改进沿展向桨叶的形状，因为从噪声的声功率沿径向分布来看，桨尖部位最高，通过设计，将气动负载沿展向分布的峰值向内径方向移动，有可能实现降噪。

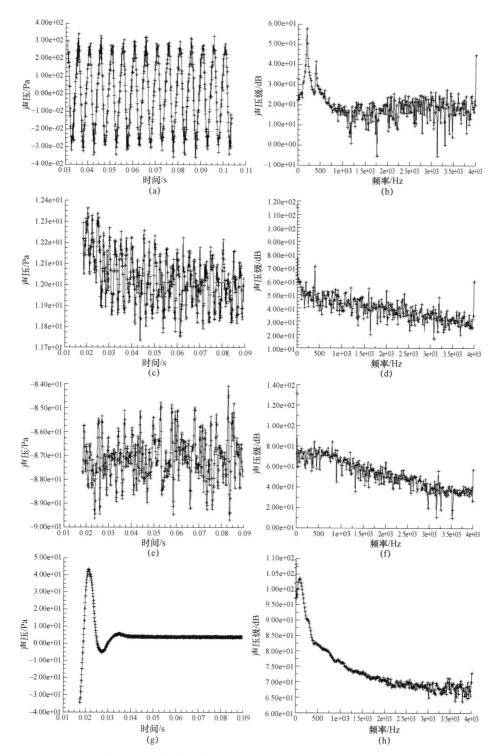

图 3.18　四个监测点处的声音压强信号和对应的气动噪声

（a）点 1 的声音压强信号；（b）点 1 的气动噪声；（c）点 2 的声音压强信号；（d）点 2 的气动噪声；

（e）点 3 的声音压强信号；（f）点 3 的气动噪声；（g）点 4 的声音压强信号；（h）点 4 的气动噪声

（4）减小桨叶的总体积，这样就能减小桨叶剖面的相对厚度和弦长，从而大幅度地降低厚度噪声。

2. 破坏性声波干扰技术

对于破坏性声波干扰技术，其基本思路是：在某一观察点处的声压，应是全部声源在此点所辐射的声压叠加，对于螺旋桨所辐射的声场，略去四极子声源后，则应是沿桨叶表面连续分布的厚度噪声源和负载噪声。对于连续分布声源中的两点 A 和 B，向某观察点 O 辐射声波，由于 A 和 B 本身具有相位差，此外，由于 A 和 B 到 O 点距离不等，又会造成附加相位差，如果这两个相位之差接近于 $180°$，合成的声压最小。利用螺旋桨桨叶本身的连续分布声源之间的自干涉，实际上就是利用螺旋桨声源的非紧致性，可以降低声场中某一区域的噪声。

3.7   本章小结

（1）使用滑移网格技术对带螺旋桨转动进行动态模拟，并且将 CFD 模拟结果、理论计算结果和相应的实验数据进行了对比。

（2）通过对螺旋桨滑流与机翼之间的气动力干扰进行分析和探讨，发现螺旋桨与机头之间的距离 X_0 对于整个弹载无人机的升力特性以及螺旋桨的拉力和扭矩几乎没有影响；而阻力特性则表明：只有螺旋桨与机头距离最小（ $X_0 = 0.056\,D$ ）的情况下，阻力特性才会有明显增加，有大约20%的增量，而随着两者之间的距离不断地增大，螺旋桨高速旋转产生的滑流对弹载无人机的阻力特性几乎没有影响。

（3）相比于无螺旋桨转动，带螺旋桨转动时，机翼下表面的静压与无螺旋桨转动时的趋势完全不同，但数值基本不变；而机翼上表面的静压与无螺旋桨的趋势基本相同，只是数值上有大约 12% 的负方向的增量。

（4）采用 Ffowcs Williams 和 Hawkings 提出的 FW–H 方程、大涡模拟和傅里叶转换对螺旋桨–机体产生的气动噪声进行了数值模拟。发现带螺旋桨的弹载无人机的噪声主要集中在靠近螺旋桨处和无人机的尾迹区，而处在无人机下方 5 m 处的噪声则低于 30 dB，并且跟地面大气压基本持平。

习题 3

3.1   欧拉运动微分方程和伯努利方程的前提条件是什么，其中每一项代表什么意义？

3.2   设进入汽化器的空气体积流量为 $Q = 0.15\,\mathrm{m^3/s}$ ，进气管最狭窄断面直径 $D = 40\,\mathrm{mm}$ ，喷油嘴直径 $d = 10\,\mathrm{mm}$ 。试确定汽化器的真空度。又若喷油嘴内径 $d = 6\,\mathrm{mm}$ ，汽油

液面距喷油嘴高度为 50 cm，试计算喷油量。汽油的重度 $\gamma = 7\,355\ \text{N/m}^3$。

3.3　已知欧拉参数表示的速度场分布为 $u = x + t$，$v = y + t$，试求质点位移和速度的拉格朗日表达式。已知 $t = 0$ 时 $x = a$，$y = b$。

3.4　绘出下列流函数所表示的流动图形（标明流动方向），计算其速度、加速度，并求势函数，绘出等势线。（1）$\psi = x + y$；（2）$\psi = xy$；（3）$\psi = x/y$；（4）$\psi = x^2 + y^2$。

3.5　已知平面不可压缩流体的速度分布为：（1）$u = y$，$v = -x$；（2）$u = x - y$，$v = x + y$；（3）$u = x^2 - y^2 + x$，$v = -(2xy + y)$。判断是否存在势函数 φ 和流函数 ψ，若存在，则求之。

3.6　已知欧拉参数表示的速度分布为 $u = Ax$，$v = -Ay$，求流体质点的轨迹。

3.7　已知流场的速度分布为 $u = x + t$，$v = -y + t$，求 $t = 0$ 时通过（$-1, 1, 1$）点的流线。

3.8　请以螺旋桨为例，叙述用 Fluent 计算滑移网格的设置过程。

3.9　已知平面不可压缩流体的速度分布为 $u = x^2 t$，$v = -2xyt$，求 $t = 1$ 时过（$-2, 1$）点的流线及此时处在这一空间点上流体质点的加速度和轨迹。

3.10　设不可压缩流体的速度分布为：（1）$u = ax^2 + by^2 + cz^2, v = -dxy - eyz - fzx$；（2）$u = \ln\left(\dfrac{y^2}{b^2} + \dfrac{z^2}{c^2}\right), v = \sin\left(\dfrac{x^2}{a^2} + \dfrac{z^2}{c^2}\right)$。其中 a、b、c、d、e、f 为常数，试求第三个速度分布 w。

3.11　有一扩大渠道，已知两壁面交角为 1 弧度，在两壁面相交处有一小缝，通过此缝隙流出的体积流量为 $\theta = \left[\dfrac{1}{2} - t\right]$（m/s），试求：（1）速度分布；（2）$t = 0$ 时壁面上 $r = 2$ 处的速度和加速度。

3.12　已知不可压缩平面势流的分速度为 $u = 3ax^2 - 3ay^2$，（$0, 0$）点上 $u = v = 0$，试求通过（$0, 0$）及（$0, 1$）两点连线的体积流量。

3.13　设流场的速度分布为 $u = ax, v = ay, w = -2az$，其中 a 为常数。（1）求线变形速率、角变形速率、体积膨胀率；（2）问该流场是否为无旋场？若是无旋场求出速度势。

3.14　设流场的速度分布为 $u = y + 2z, v = z + 2x, w = x + 2y$。试求：（1）涡量及涡线方程；（2）$x + y + z = 1$ 平面上通过横截面积 $\mathrm{d}A = 1\ \text{mm}^2$ 的涡通量。

第4章

乘波体气动外形及其设计方法

4.1 引言

乘波体（waverider）气动外形是一种在高超声速飞行过程中具有大升阻比的新型飞行器构型，"乘波体"这个名字顾名思义就是乘在激波上。由于这种飞行器的模型是从激波流场中逆推导而出的，所以在高超声速自由来流流经该模型时，会在机身下方产生紧贴前缘曲线附体激波，因为激波紧贴前缘曲线，所以激波内的气流不会泄漏到机身上方，机身就好像乘坐在激波上一样。由于乘波体是由流场逆运算得出的，所以与普通飞行器所固有的模型不同，乘波体气动外形的数学模型可以根据不同的基准流场进行多样化的设计。

4.2 乘波体气动外形

乘波体气动外形的设计思路都是通过将基本生成体放置于高超声速流场中，设计模型使得流经模型的附体激波和基本生成体在源流场中产生的激波一样。不同的设计方法其区别主要在于所选择的基本生成体，不同的生成体会产生不同的流场从而设计出不同的乘波体模型。常见的激波流场有楔形斜激波流场、锥形激波流场、楔–锥混合流场等。以楔形流场为基础可以设计∧形乘波体；以锥形流场为基础可以设计出锥导乘波体以及作为其衍生的吻切锥（Osculating cone）、吻切轴对称乘波体；通过将楔形激波流场和锥形激波流场混合可以得到楔–锥混合流场，以此可以设计得到楔–锥乘波体等。

4.2.1 ∧形乘波体

∧形乘波体是最早提出的一种具有乘波特性的乘波构型。Nonweiler 在 1959 年最早提出的"乘波"的概念就是∧形乘波体。这种乘波体是把高超声速自由来流流经楔形劈尖所产生的楔形斜激波流场作为基准流场，以激波面上的∧形曲线作为前缘线来生成的形状为∧形的乘波构型。其具体的生成过程如下。

将一个角度为 δ 的劈尖放置在马赫数为 $Ma=0$、攻角 $\alpha=0$ 的自由来流中，生成的流场即为初始流场。对产生的流场进行求解，得到激波角为 β 的平面楔形斜激波流场，流场如图 4.1 所示。

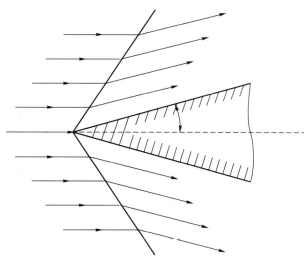

图 4.1　经过楔形元件的∧形激波

在流场中放置一个平行于自由来流的截面为∧形的柱面，以楔形激波下半的斜激波面与柱面的交线的∧形曲线作为乘波体的前缘线。在前缘线上选取若干点，对这些点进行流线追踪，一直追踪到预设的乘波体截止平面，这些流线构成的曲面为乘波体的下表面；前缘线沿自由来流方向延伸直到截止平面为止的曲面为乘波体的上表面。其生成过程如图 4.1 所示。

楔形乘波体在高超声速攻角 $\alpha=0$ 的自由来流下飞行时，会在机身下方产生附体激波，具有乘波特性，所以具有较大的升阻比。但由于其前缘过于尖锐，在高超声速飞行时会因为摩擦产生高温，而且∧形的机身会导致该乘波构型的容积过小，因此很难应用在实际工程制造中。

4.2.2　锥导乘波体

锥导乘波体是由美国马里兰大学的 Rasmussen 等人根据高超声速小扰动理论提出的一种乘波构型，之后锥导乘波体成为国内外在相关领域研究的重点。与∧形乘波体不同，锥导乘波体并非以楔形斜激波流场作为基准流场，而是以用高超声速气流流经圆锥生成体后产生的锥形激波流场作为基准流场，在流场中进行流线追踪得到乘波体模型。锥导乘波体的生成过程如下。

生成一个激波角为 β 的无攻角圆锥激波流场，并对锥形激波流场进行求解。然后选择一个与来流平行的曲面柱面，将锥体激波面与柱面相交的交线作为乘波体设计的前缘曲线；

在前缘曲线上选取若干点，并对这些点进行流线追踪至预设的乘波体截止平面，由这些流线生成乘波体的下表面；再由前缘曲线沿自由来流方向向下延伸至截止平面，生成乘波体的上表面。为提高乘波体的容积等其他性能，也可采用其他设计方法设计上表面。

由于乘波体上表面平行于来流方向，因此在乘波体上方理论上不会产生激波，乘波体上方的压力等同于自由来流压力，而下表面的气流在穿过附体激波后会形成一个高压区域。由于附体激波的存在，上下表面气流不相通，所以高压区域内的高压气流会被局限在下表面和附体锥形激波面之间，使得下表面的压力远高于上表面，从而提高无黏升力，得到优秀的气动性能。

锥导乘波体改善了∧形乘波体的许多缺点。由于锥形流场相较于楔形流场更加均匀，所以锥导乘波体相对有更好的几何形状；锥导乘波体相较于∧形乘波体有着更好的气动性能，并且在容积方面也优于∧形乘波体；对于求解锥形激波流场得到其精确解也有一定的理论基础，因此，锥形激波流场在当时甚至是现在都得到比较广泛的应用。但是锥导乘波体也有其不足与缺陷，其中最大的不足就在于锥导乘波体在其与发动机进气道一体化的过程中不利于吸气式冲压发动机的工作效率。锥形激波流场的几何特性，导致发动机进气口截面处气流参数在水平、铅垂方向上的梯度并不均匀，这对于飞行器前体/发动机进气道的一体化设计是不利的。

4.2.3　吻切锥乘波体

由于锥导乘波体在飞行器前体/发动机进气道一体化设计上的不利，在锥导乘波体的基础上，吻切锥乘波体应运而生。吻切锥乘波体的设计方法最早是由奥地利科学家 Sobieczky 提出的，该方法是以他的吻切锥理论为基础的一种设计方法，具有更强的实用性。吻切锥乘波体是在锥导乘波体设计方法的基础上改良的，锥导乘波体机身下方的激波波面是圆锥形的，这很难满足高超声速飞行器前体/发动机进气道一体化的实际需求，而吻切锥设计方法在锥导乘波体的基础上打破了这种局限性。吻切锥法可以根据给定的发动机进气道进口的形状对乘波体气动外形进行设计，从而设计出满足该进气道进口要求的乘波构型，这样既能保持乘波体应有的优秀的气动特性，还能针对吸气式冲压发动机的近期情况进行改善，从而提高发动机工作效率。国内外众多学者针对乘波体的吻切锥设计方法，已经进行了大量的研究工作。

吻切锥乘波体的设计相较于锥导乘波体所需给定的飞行马赫数、激波角、前缘曲线以外，还需要给出飞行器前体的出口激波型线。

乘波体的吻切锥法设计过程是这样的：将给定的出口激波型线分成若干小段激波，每一小段圆弧激波都有各自的基准圆锥，我们称这些圆锥为吻切锥。为保证展向流面的连续性，在不同吻切平面上，设计马赫数和激波角不变。激波角和局部激波的曲率半径确定了每个吻切面内锥顶点的位置。各个位置的激波角相等，激波有相同的强度，所以只需求解一个圆锥流场，求解方法与锥导乘波体一样。得到圆锥流场之后，由出口激波型线的形状，确定出各小段圆弧激波各自的吻切锥，将 FCC（face center cubic，面心立方）曲线向上投影，与各个吻切锥的交线构成前缘曲线，然后从前缘曲线出发进行流线追踪，无数条流线构成了其下表面，由前缘曲线追踪自由流面构成它的上表面。

4.3　基于锥导乘波体外形的气动设计方法

乘波体有着独特反设计方法，与通过模型参数设计的常规构型飞行器不同，乘波构型的设计需要先计算出已知的高超声速激波流场，之后从流场中进行反向求解直接得到。所以对乘波体气动外形的设计工作需要一定程度精确的超声速或高超声速流场模型。在不同的乘波体设计方法中，锥导乘波体的设计方法较易实现且具有一定工程价值。本节介绍了对锥形激波流场的生成计算过程以及以该锥形流场为基准流场的锥导乘波体的设计过程。

4.3.1　锥形流场的生成

本节的锥形流场的生成是基于描述锥形流场的 Taylor–Maccoll 方程，通过求解 $0°$ 攻角的锥形激波流场生成的。Taylor–Maccoll 方程的锥形流场模型认为，无限长的锥形激波流场中特征长度没有意义，所以在激波面后任意一条从锥顶点发出的射线上，所有点的流动参数都是等值的，也就是说流场中的点的流动参数只与该点到锥顶点的连线与来流方向的夹角有关。马赫数在一定范围内的超声速来流使流场中形成了与圆锥同轴的一道圆锥形斜激波。圆锥形的斜激波与自由来流的倾角，处处相等。所以紧靠波后的流场参数均匀，激波强度不发生变化。Taylor–Maccoll 方程的形式为

$$\frac{\gamma-1}{2}\left[1-v_r'-\left(\frac{\mathrm{d}v_r'}{\mathrm{d}\theta}\right)^2\right]\left[2v_r'+\frac{\mathrm{d}v_r'}{\mathrm{d}\theta}\cot\theta+\frac{\mathrm{d}^2v_r'}{\mathrm{d}\theta^2}\right]-\frac{\mathrm{d}v_r'}{\mathrm{d}\theta}\left[v_r'\frac{\mathrm{d}v_r'}{\mathrm{d}\theta}+\frac{\mathrm{d}v_r'}{\mathrm{d}\theta}\frac{\mathrm{d}^2v_r'}{\mathrm{d}\theta^2}\right]=0 \quad (4.1)$$

$$v_\theta'-\frac{\mathrm{d}v_r'}{\mathrm{d}\theta}=0 \quad (4.2)$$

此处，

$$v'=v/v_{\max}=(v_r^2+v_\theta^2)^{1/2}/v_{\max}=(v_r'^2+v_\theta'^2)^{1/2}=\left[\frac{2}{(\gamma-1)M^2}+1\right]^{1/2} \quad (4.3)$$

Taylor–Maccoll 方程是一个常微分方程，存在解析解。因此可以从气流过激波面后的已知的流场参数出发，通过四阶 Runge–Kutta 算法对该常微分方程进行数值积分求解。Runge–Kutta 法是计算常微分方程的一种迭代算法。其中，四阶 Runge–Kutta 法的精确度

较高，经常运用在各类工程应用上。与常规的 Taylor-Maccoll 方程对锥形流场的求解不同，在设计乘波体所需的基本流场中，生成流场的圆锥生成体的锥顶角对于圆锥流场的流动参数计算来说并不是必要的参数。因此可以通过直接给定激波角，代替通过锥顶角求得激波角的方式，通过数值方法计算激波后流场。其具体生成步骤如下。

（1）给出生成锥导乘波体的激波角 β，设计条件的来流马赫数 Ma_1、来流压力 p_1、温度 T_1。

（2）确定数值积分的角度步长。

（3）求解激波后参数初值条件：根据给定的波前参数通过斜激波前后的参数变化公式，可以计算得到紧邻激波面下游的波后流动参数。锥形流场每一条母线在紧邻激波面附近可视为斜激波。对于理想气体，斜激波激波面前后的各项流动参数对应关系式可以表示如下：

$$\frac{p_2}{p_1} = \frac{2\gamma}{\gamma+1}\left(Ma_1^2 \sin^2 \beta - \frac{\gamma-1}{2\gamma}\right) \tag{4.4}$$

$$\frac{\rho_2}{\rho_1} = \frac{(\gamma+1)Ma_1^2 \sin^2 \beta}{(\gamma-1)Ma_1^2 \sin^2 \beta + 2} \tag{4.5}$$

（4）从激波面出发，按照第（2）步确定的角度步长，以四阶 Runge-Kutta 法对 Taylor-Maccoll 方程进行迭代积分计算，直到 v'_θ 大于零时，停止计算。

（5）由各个 θ 角微元处的流场速度参数，计算流场各点的密度 ρ、温度 T、压力 p、马赫数 Ma 等其他参数。

求解的方程为

$$Ma^2 = \frac{v'^2}{1 - \frac{\gamma-1}{2}(v'^2-1)} \tag{4.6}$$

$$\frac{p}{p_0} = \left(1 - \frac{\gamma-1}{\gamma+1}v'^2\right)^{\frac{\gamma}{\gamma-1}} \tag{4.7}$$

$$\frac{\rho}{\rho_0} = \left(1 - \frac{\gamma-1}{\gamma+1}v'^2\right)^{\frac{1}{\gamma-1}} \tag{4.8}$$

$$\frac{T}{T_0} = 1 - \frac{\gamma-1}{\gamma+1}v'^2 \tag{4.9}$$

其中，压力 p、密度 ρ、温度 T 的求解需要激波后某点的相应数据。

用 Matlab 编写锥形流场生成程序，基于设计点 $\beta = 12°$，$Ma_\infty = 6$，$H = 15$ km 的自由流场数据利用四阶 Runge-Kutta 法对 Taylor-Maccoll 方程进行求解得到锥形激波流场。

为了验证本章中采用算法的可靠性，本章以圆锥半顶角建立基础圆锥生成体，并对其划分网格，然后求解高超声速来流流经该圆锥生成体的无黏锥形流场。求解器选用基于密度求解器，气体模型设为理想气体，湍流模型使用无黏模型，对流项的空间离散格式采用 Roe-FDS，迎风格式选用二阶迎风。在数值计算结束残差收敛后，从圆锥生成体的截面压强图中可以看出，压强等值线近似呈锥形，且锥顶点与圆锥生成体重合。可以测得最外侧的压强等值线锥的半顶角与通过生成体求得的激波角基本一致，误差不超过 5%。这表明本章所使用的锥形流场生成方法、计算方法具有一定可行性。

4.3.2　流线追踪

欧拉法认为流场的每一点都有速度。在流场中每一点上都与该点在流场内的速度矢量相切的曲线称为流线。对于定常流动来说，流线的形状是不随时间变化的。可以认为，若在流线上放一个质点，则流线即是质点的运动轨迹。流线上的每一点的切线在 3 个方向的余弦 $\dfrac{\mathrm{d}x}{\mathrm{d}s}$、$\dfrac{\mathrm{d}y}{\mathrm{d}s}$、$\dfrac{\mathrm{d}z}{\mathrm{d}s}$ 和流速的 3 个方向分量 v_x、v_y、v_z 与合速度 V 所夹的 3 个角度的余弦相同，表示成微分形式的关系为

$$\frac{\mathrm{d}x}{v_x} = \frac{\mathrm{d}y}{v_y} = \frac{\mathrm{d}z}{v_z} \tag{4.10}$$

由锥形激波流场与特征长度无关且具有对称性可将三维流场简化为二维流场，这时流场中 $\mathrm{d}z = 0$，则转化后流场的流线方程为

$$\frac{\mathrm{d}y}{\mathrm{d}x} = \frac{v_y}{v_x} \tag{4.11}$$

为方便计算，现将式（4.11）转化至球坐标系下。直角坐标系与球坐标系之间的转换关系为

$$\left. \begin{array}{l} v_x = v_r \cos\Psi - v_\theta \sin\Psi \\ v_y = v_r \sin\Psi + v_\theta \cos\Psi \end{array} \right\} \tag{4.12}$$

$$\left. \begin{array}{l} x = r\cos\Psi \\ y = r\sin\Psi \end{array} \right\} \tag{4.13}$$

从而可以得到球坐标系下的流线方程为

$$\frac{\mathrm{d}r}{\mathrm{d}\theta} = \frac{v_r}{v_\theta} r \tag{4.14}$$

v_r，v_θ 可以通过 Taylor-Maccoll 方程求解得到的流场数据中得到。之后将式（4.14）通过四阶 Runge-Kutta 法求解得到流线。

4.4　锥导乘波体气动外形的设计

在得到通过预定的设计条件和设计参数求解得出的给定的基准锥形流场后，需要在锥

形激波面上确定前缘曲线,通过前缘曲线的确定,锥导乘波体的外形就得以确定无法改变。前缘位于锥形激波面上。对于优化前的乘波体气动外形,本章采用一般的方法构造前缘曲线。本章给出锥导乘波体前缘曲线在截止平面上的投影曲线,以投影曲线为截面的柱面方程与激波的锥面方程联立求解即可得到前缘曲线的解析式。然后在前缘曲线上选取一定数量的特征点,通过之前求得的锥形流场数据,对特征点在流场内进行流线追踪,并将所得的流线拟合构成乘波体的下表面,前缘曲线沿自由来流方向延伸构成乘波体的上表面。

4.4.1 确定前缘曲线

对于前缘曲线的选取,在自由来流方向为 x 轴正方向、z 轴正方向为铅垂方向向上的流场坐标系下,本章选取圆柱面 $y^2 + (z+7)^2 = 5.4^2$ 与锥顶点为原点的激波面的交线为优化前气动外形的前缘曲线。在确定前缘曲线之后,在前缘曲线上选取在 y 方向上等值的若干点作为流线追踪的初始点。

4.4.2 流线追踪确定下表面

在前缘曲线取一定数量的特征点,对这些特征点在激波流场内用四阶 Runge-Kutta 法进行流线追踪至截止平面。本章选取在 y 方向上等距的 9 个特征点来进行流线追踪,由于前缘曲线在 XoY 平面下方,因此所得的流线也都位于 XoY 平面下方,而且乘波体关于 XoZ 平面对称。由于锥形激波流场与特征长度无关,故所得的锥导乘波体可以关于特征长度进行自由缩放,因此对截止平面的选取没太大影响。本章的截止平面选择 $x = 13$ 的平面处。将追踪得到的流线拟合成流面,该流面即为所求锥导乘波体的下表面。锥导乘波体模型生成流程如图 4.2 所示。

乘波体的上表面的设计一般采用前缘曲线沿自由来流方向延伸至截止平面。但乘波体上表面有多种设计方法,如按照一定规律令上表面凸起,这样设计可以牺牲一些气动性能来增加乘波体的容积。本章采用与自由来流平行的曲面作为上表面。

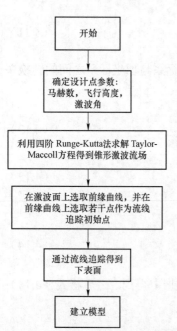

图 4.2 锥导乘波体模型生成流程

以马赫数 $Ma = 6.0$、飞行高度 $H = 15\ \text{km}$,以及激波角 $\beta = 12°$ 作为设计点,按照上述的方法编写 Matlab 程序对给定的前缘曲线进行流线追踪,并导入 SolidWorks 中设计乘波体气动外形。得到的结果如图 4.3 所示。

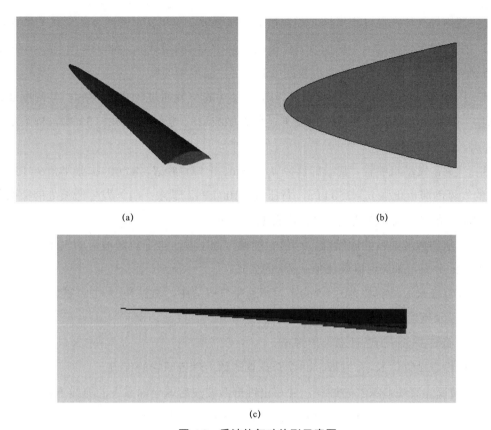

(a)　　　　　　　　　　　　　　(b)

(c)

图 4.3　乘波体气动外形示意图

（a）乘波体气动外形；（b）乘波体气动外形俯视图；（c）乘波体气动外形右视图

4.5　本章小结

本章首先简单列举了在乘波体研究中比较常见的几种设计方法，逐一介绍了这些设计方法的理论依据以及具体步骤，并分析了不同的设计方法的优缺点。考虑到本章仅为初步设计，所以选取有一定实际工程价值又便于求解的锥导乘波体设计方法。通过用四阶 Runge-Kutta 法迭代求解 Taylor-Maccoll 微分方程组得到锥形激波流场数据，根据得到的锥形流场通过给定的前缘曲线函数进行流线追踪设计乘波体的上下表面，从而生成锥导乘波体。在第 5 章，本书将通过数值模拟对本章所生成设计的乘波体气动外形进行计算，检验本章所用的乘波体设计方法的合理性及有效性。

习题 4

4.1　试用牛顿理论证明高超声速流动中总压大约是动压的两倍。

4.2 请推导气流在经过正激波之后温度 T、压强 p、速度 u、密度 ρ 的变化关系式。

4.3 空气稳定地流过一等截面管，在某截面处，气流的参数 $p_1 = 68\,930$ Pa，$T_1 = 670$ K，$V_1 = 915$ m/s，求发生在状态 1 处的正激波后的压强、温度和速度。

4.4 压强为 p_1、温度为 $T_1 = 293$ K、密度为 ρ_1 的空气通过一正激波后，其密度变为 $\rho_2 = 3.1\rho_1$。试求：（1）来流空气的速度 V_1；（2）激波后的气流速度 V_2；（3）激波前后的压强比 p_1/p_2。

4.5 一火箭发动机喷管。其喉部直径 $d_1 = 4$ cm、出口直径 $d_e = 8$ cm、扩张半角 $\theta = 150°$，入口处的气流的滞止压强 $p_0 = 250$ kPa，背压 $p_b = 100$ kPa。试求：（1）发生激波处的截面积与喉部截面积之比；（2）激波发生处到喉部的距离 x。

4.6 请从斜激波前后的连续性、动量、能量方程出发，推导斜激波后的气流速度在平行来流方向的分量与来流速度的比值 u_2/v_1 的公式。

4.7 计算在来流马赫数 $Ma_1 = 5$ 的高超声速空气气流中，激波角 $\beta = 20°$ 的斜激波前后空气的压强以及密度的比值（比热比 $\gamma = 1.4$）。

4.8 请简要说明何为黏性激波层理论。

4.9 请推导抛物化 N–S 方程，并结合计算流体力学说明它的优点。

4.10 请简述流线追踪法的过程，并写出锥形激波波后球坐标系下的流线方程。

4.11 试通过牛顿流理论证明让无限大平板产生最大升力的攻角 $\alpha = 54.7°$。

第5章

初始乘波构型的数值模拟

5.1 引言

对于流体力学来说，理论分析、试验研究和数值模拟是构成其的根本。随着计算机技术的发展，计算流体力学逐渐走向成熟，数值模拟由于在保证一定的精度和准确度的前提下有着成本低、耗时少的优点，越来越成为流体力学领域的重要研究手段。在高超声速飞行器的研究中，作为试验研究主要采用的风洞实验的成本高昂，需要花费大量人力物力，而数值模拟可以以低成本模拟较难实现的试验环境，比较适合用作高超声速飞行器方面理论研究的方法。在使用数值模拟进行气动分析并对模型有一定的修正之后，再进行实际的风洞实验，在降低成本的同时，提高实验的成功率和效率。本章运用 Fluent 计算流体力学软件对第 4 章设计生成的未经优化的锥导乘波体气动外形进行数值模拟，得到优化前的乘波体气动外形的气动参数。

5.2 数值模拟方法

5.2.1 控制方程

流体力学基本方程组包括质量守恒方程、动量守恒方程、能量守恒方程、状态方程。
质量守恒方程：

$$\mathrm{div}(\rho V) + \frac{\partial \rho}{\partial t} = 0 \tag{5.1}$$

式中，V 为流体的速度矢量；ρ 为流体密度。
动量守恒方程：

$$\frac{\partial \rho u}{\partial t} + \nabla \cdot (\rho u V) = -\frac{\partial p}{\partial x} + \frac{\partial \tau_{xx}}{\partial x} + \frac{\partial \tau_{yx}}{\partial y} + \frac{\partial \tau_{zx}}{\partial z} + F_x \tag{5.2a}$$

$$\frac{\partial \rho v}{\partial t} + \nabla \cdot (\rho v V) = -\frac{\partial p}{\partial y} + \frac{\partial \tau_{xy}}{\partial x} + \frac{\partial \tau_{yy}}{\partial y} + \frac{\partial \tau_{zy}}{\partial z} + F_y \tag{5.2b}$$

$$\frac{\partial \rho w}{\partial t} + \nabla \cdot (\rho w V) = -\frac{\partial p}{\partial z} + \frac{\partial \tau_{xz}}{\partial x} + \frac{\partial \tau_{yz}}{\partial y} + \frac{\partial \tau_{zz}}{\partial z} + F_z \tag{5.2c}$$

式中，p 为流体微元体上的压力；τ 为作用在微元体表面上的黏性应力；F_x、F_y、F_z 为作用在微元上的体力在 x、y、z 方向上的分量；u、v、w 为速度在三个方向上的分量。

方程（5.2）就是动量守恒方程，也称为纳维-斯托克斯方程的守恒形式。

能量守恒方程：

$$\frac{\partial(\rho T)}{\partial t} + \mathrm{div}(\rho V T) = \mathrm{div}\left(\frac{k}{c_p}\mathrm{grad}T\right) + S_T \tag{5.3}$$

式中，c_p 为流体比热容；T 为温度；k 为流体的传热系数；S_T 为流体的内热源及由于黏性作用流体机械能转换为热能的部分，有时简称为黏性耗散项。

状态方程：

$$p = p(\rho, T) \tag{5.4}$$

对于理想气体有

$$p = \rho RT \tag{5.5}$$

式中，R 为摩尔气体常数。

由于方程（5.1）到式（5.3）构成的方程组中有 6 个未知量 u、v、w、p、ρ、T。因此导入状态方程联系 p 和 ρ 使得方程组封闭。

5.2.2 湍流模型

描述层流的是完整的封闭方程组，描述湍流运动的方程组是不封闭的，对于新出现的未知量必须对其定义才能使方程组封闭，这就是湍流模型方程组的特点。

模拟湍流有三种方法：直接数值模拟（DNS）、大涡模拟和基于雷诺平均方程组的模型。本章选取基于雷诺平均方程组中的 Spalart-Allmaras 模型。

雷诺应力的涡黏性模型为

$$\tau_{ij} = -\rho \overline{u_i' u_j'} = \mu_t \left(\frac{\partial u_i}{\partial x_j} - \frac{\partial u_j}{\partial x_i}\right) - \frac{2}{3}\left(\rho k + \mu_t \frac{\partial u_i}{\partial x_i}\right)\delta_{ij} \tag{5.6}$$

式中，μ_t 为湍动黏度；u_i 为时均速度；δ_{ij} 为 "Kronecker delta" 符号（当 $i=j$ 时，$\delta_{ij}=1$；当 $i \neq j$ 时，$\delta_{ij}=0$）；k 为湍流动能。

5.2.3　网格划分

编写 Matlab 程序构造圆锥流场并在其内对某一自拟前缘曲线进行流线追踪，并将得到的流线导入 SolidWorks 内进行建模，得到锥导乘波体模型。之后在 ICEM CFD 内进行网格创建与划分。创建好网格之后，对网格进行网格无关性验证，对 80 万、155 万、200 万的网格在飞行马赫数 $Ma_\infty = 6$ 的不同攻角下进行数值模拟，得到的三种网格数在不同攻角下的乘波体阻力系数如图 5.1 所示。

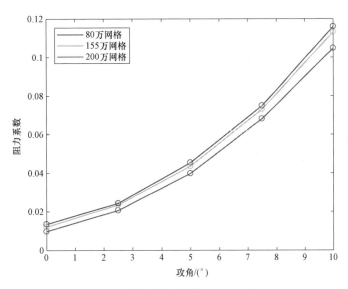

图 5.1　数值模拟的网格无关性验证

由图 5.1 可知，对于本章采用的数值模拟，80 万网格数量与 155 万网格数量之间的阻力系数结果相差较大，155 万网格数量和 200 万网格数量之间结果相差较小，为了在保证运算精度的同时节省运算时间，减少计算机的内存负担，本章所用的乘波体的网格数选在 155 万左右，全部为结构网格。在临近乘波体表面的位置对网格进行加密处理。初始乘波体网格模型示意图如图 5.2 所示。

5.2.4　边界条件设定

本章中共使用以下三种边界条件。

（1）壁面边界条件：用于固体边界，且满足无滑热绝热条件。

（2）压力远场边界条件：本章来流的影响区域仅限于前缘激波以内，所以流场的外边界设定为压力远场边界，由来流压力、来流马赫数、来流方向和来流温度等已知条件决定。

（3）内边界：相应流场内边界采用内边界条件。

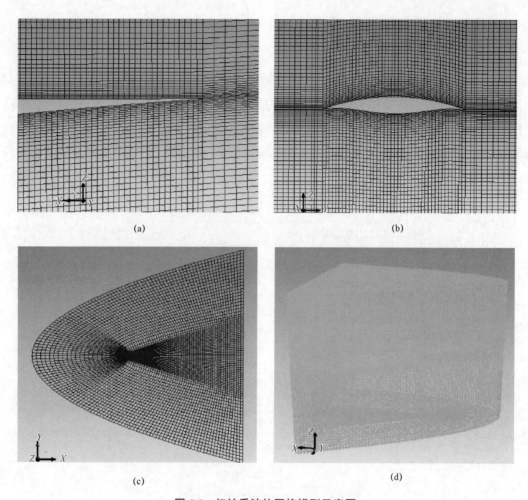

图 5.2　初始乘波体网格模型示意图

（a）乘波体网格对称面剖面图；（b）乘波体网格纵向截面剖面图；（c）乘波体网格俯视图；（d）乘波体网格整体图

5.3　气动仿真计算分析

本节将对乘波体的气动特性进行仿真计算，从而验证该乘波体在其设计点附近的马赫数以及不同攻角的条件下，气动外形能否具有良好的乘波特性以及较高的升阻比。

5.3.1　计算条件

将所生成的网格模型导入 Fluent 中，求解器选用基于密度求解器（density-based），湍流模型为 Spalart-Allmaras（1 eqn）模型，气体为理想气体（idea-gas），气体黏性参数选用三参数 Sutherland 模型，对流项的空间离散格式选用 Roe-FDS，迎风格式采用二阶迎风（second order upwind）。压力远场边界参数如表 5.1 所示。

表 5.1　压力远场边界参数

参数	数值
马赫数 Ma	6.0
温度 T/K	216
远场压力 p/Pa	12 050
海拔高度/km	15

5.3.2　数值模拟方法验证

使用上述 CFD 计算条件参数对某高超声速导弹进行风洞实验数据的对比验证,从而确保 CFD 数值模拟计算的可靠性。数值模拟数值验证结果如图 5.3 所示。

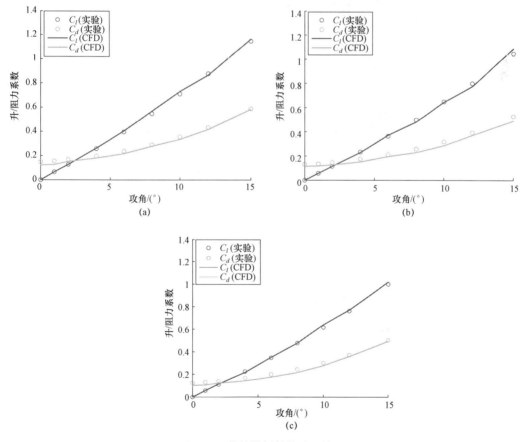

图 5.3　数值模拟数值验证结果

(a) $Ma=5$ 时气动特性数值验证结果;(b) $Ma=6$ 时气动特性数值验证结果;
(c) $Ma=6.5$ 时气动特性数值验证结果

验证结果表明在飞行马赫数为 5~6.5 范围内,阻力系数的误差可保持在 10%以内,升力系数误差在 5%以内,验证了所选取的计算模型和计算方法的准确性,后续将基于该条件参数进行数值模拟。

5.3.3　计算结果

1. 设计点（$Ma=6$）处的乘波体气动特性

设置好条件后，计算至残差曲线收敛，通过得到的数据可得知乘波体在设计条件下的升力系数、阻力系数、升阻比以及压力分布图，压力分布图如图 5.4 和图 5.5 所示。

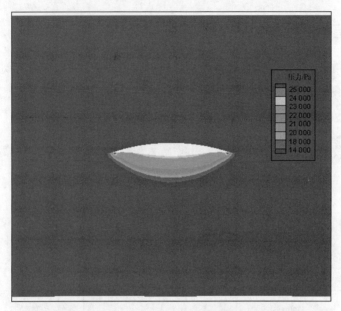

图 5.4　$Ma=6$、$\alpha=0$ 时 $X\text{-}Y$ 横截面压力分布图

图 5.5　$Ma=6$、$\alpha=0$ 时 $X\text{-}Z$ 对称面压力分布图

从图 5.4 和图 5.5 中可以看出，在乘波体气动外形的下方有附体激波附着，自由来流穿过锥形激波面后压强会增加，形成高压区域。由于激波为附体激波，所以高压区域全部位于机身的下表面，上表面气流的压强与自由来流压强相同，因此上下表面的压强差距明显。可以基本得出结论，乘波体下方的高压气流全部被附体激波面包裹住，几乎没有泄漏到乘波体上表面，乘波特性明显。在有一定攻角的情况下，乘波体上方还会出现一定的低压区域。从中可以看出生成的乘波体符合乘波构型的设计理论。

2. 非设计点处的气动特性

对于非设计点（$Ma=5$、7）处进行气动特性计算，计算条件与设计点（$Ma=6$）处相同，攻角为 0°，得到的结果如图 5.6～图 5.9 所示。

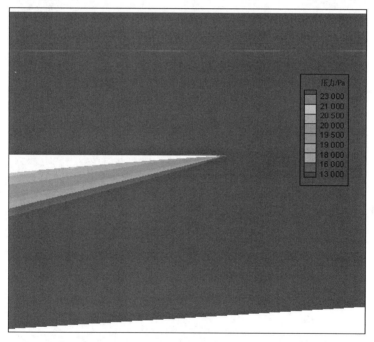

图 5.6　$Ma=5$、$\alpha=0$ 时 $X-Z$ 对称面压力分布图

可以看出，在非设计点处，乘波体下方依然具有附体激波。激波内的气流依然为高压气流。虽然有一部分高压气流泄漏到上表面，但乘波体依然具有一定的乘波特性。且马赫数越高，乘波体下方的高压区域的压力值就越高。

初始乘波体气动参数随马赫数变化的情况如表 5.2 所示。

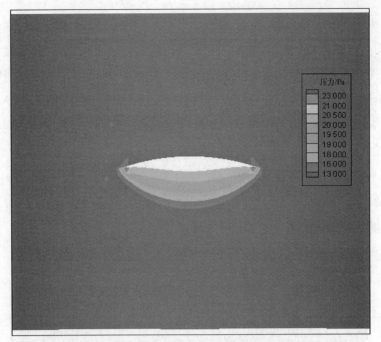

图 5.7　$Ma = 5$、$\alpha = 0$ 时 $X\text{-}Y$ 横截面压力分布图

图 5.8　$Ma = 7$、$\alpha = 0$ 时 $X\text{-}Z$ 对称面压力分布图

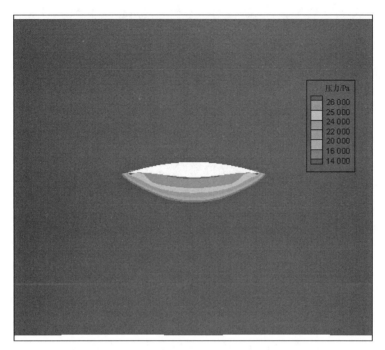

图 5.9 $Ma = 7$、$\alpha = 0$ 时 $X-Y$ 横截面压力分布图

表 5.2 初始乘波体气动参数随马赫数变化的情况

马赫数 Ma	升力系数	阻力系数	升阻比
5.0	0.083 8	0.013 4	6.228 2
5.5	0.078 4	0.012 7	6.183 6
6.0	0.074 1	0.012 1	6.116 5
6.5	0.069 9	0.011 5	6.091 7
7.0	0.066 8	0.011 0	6.048 0
7.5	0.063 6	0.010 5	6.037 2
8.0	0.061 1	0.010 2	6.019 3

可以看到，随着飞行马赫数增加，乘波体的升力系数和阻力系数均逐渐减小，随着马赫数的上升升阻比也呈减小趋势。不过升阻比随着飞行马赫数的增加而减小的幅度不大。在乘波体成一定攻角的情况下，乘波体上下的压力分布如图 5.10～图 5.13 所示。

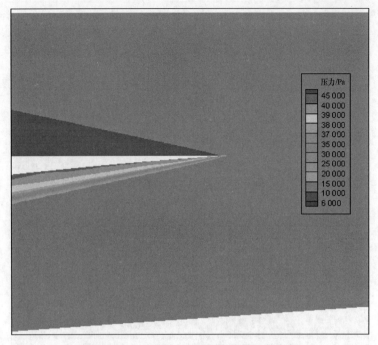

图 5.10　$\alpha = 5°$ 时 $X\text{--}Z$ 对称面压力分布图

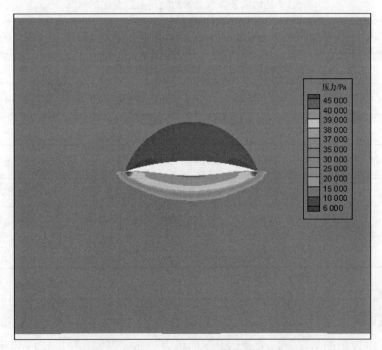

图 5.11　$\alpha = 5°$ 时 $X\text{--}Y$ 横截面压力分布图

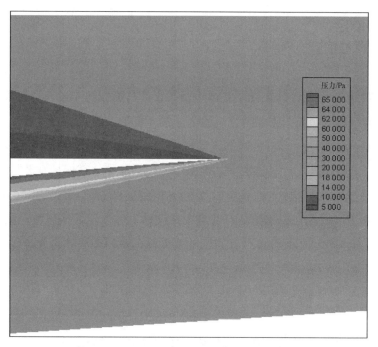

图 5.12　$\alpha = 10°$ 时 $X - Z$ 对称面压力分布图

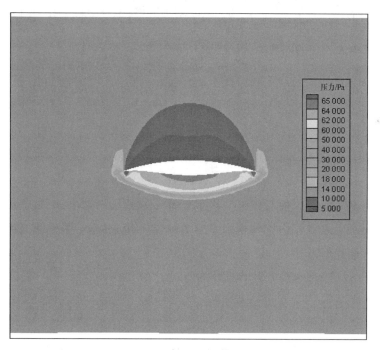

图 5.13　$\alpha = 10°$ 时 $X - Y$ 横截面压力分布图

如图 5.10～图 5.13 所示，在有攻角的情况下乘波体上方会出现低压区域，且乘波体下方附体激波内的高压区域的压力会有飞跃性的增长，这给乘波体带来了更高的升力的同时，也造成了更大的阻力。

5.4 本章小结

（1）本章对第 4 章设计的锥导乘波体进行了设计马赫数和非设计马赫数下不同攻角的数值模拟，计算结果有明显的乘波特性，验证了第4章的设计方法的有效性。在设计点处，所设计的锥导乘波体气动外形有良好的气动特性，下表面有明显的高压区域。在以不同的马赫数飞行时，升阻比随飞行马赫数增加而减小，但乘波体一直保持乘波特性。

（2）飞行攻角对乘波体附近的流场以及乘波体气动性能有一定的影响。随着攻角增大，乘波体下方的高压区域压强越来越高，并且在乘波体上方出现低压区域，乘波体上下表面压差增大。这一结果验证了乘波体设计方法的有效性，并为乘波体的气动优化提供了对照。

习题 5

5.1 对于黏性流动的数值仿真，请简述需要边界层网格加密的理由。

5.2 对方程 $K\dfrac{\mathrm{d}^2 T}{\mathrm{d}x^2}+\dfrac{\mathrm{d}K}{\mathrm{d}x}\dfrac{\mathrm{d}T}{\mathrm{d}x}+S=0$，采取均匀网格 $[\Delta x=(\delta x)_\mathrm{e}=(\delta x)_\mathrm{w}]$ 推导有限体积法的离散方程。其中 K 是 x 的函数，$\dfrac{\mathrm{d}K}{\mathrm{d}x}$ 已知，可令 $\dfrac{\mathrm{d}T}{\mathrm{d}x}=\dfrac{T_\mathrm{E}-T_\mathrm{W}}{2\Delta x}$。

5.3 一火箭发动机喷管。其喉部直径 $d_1=4\text{ cm}$、出口直径 $d_\mathrm{e}=8\text{ cm}$、扩张半角 $\theta=15°$，入口处的气流的滞止压强 $p_0=250\text{ kPa}$，背压 $p_\mathrm{b}=100\text{ kPa}$。试求：（1）发生激波处的截面积与喉部截面积之比；（2）激波发生处到喉部的距离 x。

5.4 请简单说明何为自适应网格，并解释自适应网格在高超声速流动的数值仿真中起到的作用。

5.5 请简单说明何为平衡气体模型和非平衡气体模型。

5.6 请说出常用的 7 组分空气模型中的 7 种空气组元成分，并写出 7 组分模型主要包括的 6 个反应方程式。

5.7 在给定的 T 和 p 下，某高温空气的成分为 $p_\mathrm{O}=0.163\text{ atm}$，$p_{\mathrm{O}_2}=0.002\text{ atm}$，$p_{\mathrm{N}_2}=0.33\text{ atm}$，$p_\mathrm{N}=0.005\text{ atm}$。计算每种物质的（1）摩尔分数；（2）质量分数；（3）摩尔质量比。

5.8 请简要说明流动特征时间和化学反应特征时间的概念。并说出根据两者的大小关系划分出的三种模型。

第6章

乘波体气动特性优化

6.1 引言

对于基于已知流场设计方法，在给定基本几何体和飞行状态等条件下，乘波体外形完全依赖于前缘曲线的选取。此时合理选择乘波体外形从而保证其具有较佳的气动性能，即乘波体的气动外形优化设计问题变得十分关键。本章采用的优化算法为粒子群−人工蜂群混合优化算法（MABCPSO）。

6.2 粒子群优化算法、人工蜂群优化算法及粒子群−人工蜂群混合优化算法

6.2.1 粒子群优化算法

1995 年 Kennedy 和 Eberhart 首次提出粒子群优化（PSO）算法，该算法基于鸟群对于已知流场设计方法和鱼群的觅食行为设计，核心的优化迭代更新方式中只涉及速度和位置变化，因此算法的设置简单，避免了搜索时间过长的问题，收敛速度快。因此，粒子群优化算法被广泛应用到实际工程问题中，并在求解中进一步验证了其优越性。该算法作为一种基于群体智能的新型演化计算技术，具有简单易实现、设置参数少、优化能力强等优点；但在进化后期，粒子群算法侧重于开采能力，其局部搜索能力强，却存在种群多样性消失及早熟停滞等现象，从而陷入局部最优的缺陷。

粒子群优化算法通过模拟鸟群的飞行觅食行为，将解空间中的设计变量看作一群没有体积和质量的"鸟"（也称"粒子"），将所求问题的最优解看作鸟群寻找的"食物"，粒子没有质量和体积，只有速度和位置信息，粒子通过速度和位置信息的更新逐渐趋向优化目标，在这个过程中，粒子跟踪个体历史最优位置和群体历史最优位置。

PSO 算法的流程如图 6.1 所示。

粒子的更新规律如下：

$$v_{ij}^{t+1} = wv_{ij}^t + c_1 r_1(p_{best_{ij}^t} - x_{ij}^t) + c_2 r_2(g_{best_{ij}^t} - x_{ij}^t) \qquad (6.1)$$

$$x_{ij}^{t+1} = x_{ij}^t + v_{ij}^{t+1} \qquad (6.2)$$

式中，x_{ij}^t 为第 t 步中，第 i 个粒子第 j 维上的位置；v_{ij}^t 为第 t 步中，第 i 个粒子第 j 维上的速度；c_1、c_2 为调节步长的学习因子；r_1、r_2 为（0，1）的随机数；w 为惯性因子，随步数从 0.9 到 0.4 递减；p_{best} 为粒子个体极值；g_{best} 为种群群体极值。

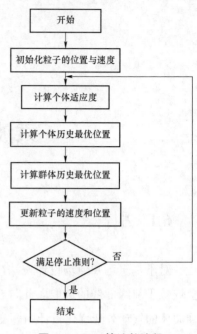

图 6.1 PSO 算法的流程

6.2.2 人工蜂群优化算法

在实际的蜜蜂群体中，一些任务是由特定的蜜蜂来完成的。这些特定的蜜蜂通过有效的分工和自组织试图使蜂巢储藏的花蜜量最大。由 Karaboga 于 2005 年对求解实值参数优化问题提出的人工蜂群算法（ABC）就是模拟蜜蜂采蜜行为的算法。

人工蜂群算法包含三个组成部分：采蜜蜂、观察蜂和侦察蜂，采蜜蜂和观察蜂执行开采过程，侦察蜂执行探索过程。人工蜂群算法中，种群一半是雇佣蜂，另一半是跟随蜂。每个食物源与一只雇佣蜂对应，也就是说，雇佣蜂的数量与蜂巢周围食物源的数量相同。当某个食物源被放弃后，该食物源对应的雇佣蜂或跟随蜂就变成侦察蜂。雇佣蜂负责与对应食物源进行采蜜，并将食物源信息带回蜂巢共享；跟随蜂在蜂巢舞蹈区等候雇佣蜂传递信息，并对食物源进行选择；侦察蜂进行随机食物源搜索。

人工蜂群算法中，食物源的位置代表最优化问题的可行解，食物源的蜜量表示对应解的质量，种群中雇佣蜂的数量等于跟随蜂的数量，并与可行解的数量相等。第一步中，人工蜂群算法随机生成包含 SN 个解（食物源位置）的初始种群 $P(G=0)$，这里 SN 表示种群数量。每个解（食物源）x_i $(i=1,2,3,\cdots,SN)$ 是一个 D 维向量。这里，D 是优化问题的维数。初始化后，种群要重复雇佣蜂、跟随蜂、侦察蜂搜索的循环过程。为了找到新的食物源，人工雇佣蜂或跟随蜂将在其记忆中对食物源位置进行修正，同时对新食物源的蜜量进行估测。初始化之后，以初始解为基础，采蜜蜂、观察蜂和侦察蜂开始进行循环搜索。采蜜蜂记住以前的最优解，在采蜜源的邻域内搜索产生新解，搜索公式为

$$x_{ij}' = x_{ij} + \phi_{ij}(x_{ij} - x_{kj}) \qquad (6.3)$$

其中，ϕ_{ij} 为范围是 $[-1,1]$ 的随机数；x_{kj} 为不同于 x_{ij} 的任一蜜源。采蜜蜂采用贪婪准则，当搜索解优于记忆最优解时，替换记忆解；反之，则保持记忆解不变。采蜜蜂完成搜索过程后，将记忆中的蜜源信息与观察蜂共享。观察蜂按照与花蜜量相关的概率选择一个蜜源位置，并像采蜜蜂一样对记忆中的位置做一定的改变，并检查新候选位置的花蜜量，若新位置优于记忆中的位置，则用新位置替换原来的蜜源位置，否则保留原位置。若搜索中变量超出定义域范围，则给变量定义一个可行值。在人工蜂群算法中，当变量超出定义域范围时，将其设定为定义域的边界值。

随后，侦察蜂开始对蜜源进行判断，假如蜜源位置 x_i 经过"limit"次的循环搜索后，无法被改进，那么该位置将被放弃，此时采蜜蜂转变为侦察蜂，并随机搜索一个蜜源替换原蜜源。

人工蜂群算法的流程如图 6.2 所示。

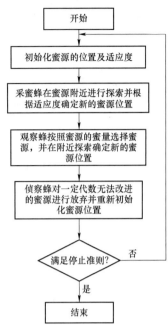

图 6.2　人工蜂群算法的流程

6.2.3　粒子群–人工蜂群混合优化算法

通过分析上述两种算法可以看出：PSO 算法在进化后期，侧重于开采能力，局部搜索能力强，易陷入局部最优；而 ABC 牺牲了开采能力，侧重于提高开发探索能力，局部搜索能力弱但全局搜索能力较强。

本小节采用一种结合 PSO 算法和 ABC 的优势的混合优化算法，粒子群–人工蜂群混合优化算法。MABCPSO 将种群随机地等分为两组，一组种群中的个体按照 PSO 算法进化寻优，另一组种群中的个体按照 ABC 进行寻优。为了保证该算法的探索开发能力，同时提高开采能力、加快寻优速度，在 ABC 中提出新的搜索方程：

$$x'_{ij} = x_{ij} + \phi_{ij}(x_{ij} - x_{kj}) + \varphi_{ij}(x_{ij} - g_{\text{best}_j}) \tag{6.4}$$

式中，φ_{ij} 为 $[0，0.5]$ 的随机数；g_{best_j} 为两个种群的群体极值 j 维坐标。

新的搜索方程由于有群体极值 g_{best} 的引导，在保证探索开发能力的同时也提高了其开采能力。MABCPSO 在全局搜索能力和局部搜索能力之间建立了一个相对较好的平衡。

此外，在优化过程中，加入一种信息交流机制来交流搜寻信息，使信息能够在两个种群中传递，有助个体避免错误的信息判断而陷入局部最优。交流机制如下。

（1）粒子群算法中的 g_{best} 用两个种群中的最优个体来替换。

（2）人工蜂群算法中的 x_{kj} 从采用 PSO 算法进化的种群中随机选取。

粒子群–人工蜂群混合优化算法的流程如图 6.3 所示。

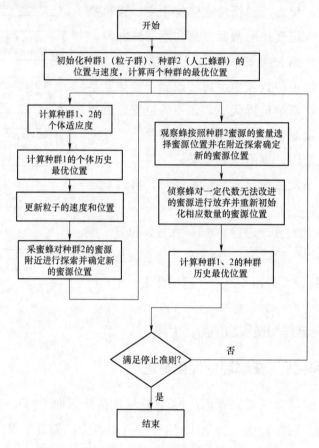

图 6.3 粒子群–人工蜂群混合优化算法的流程

6.3 高超声速气动力估算方法

众所周知，尽管计算机的发展使得 CFD 分析得以普及，但 CFD 数值模拟计算仍然具有耗时问题。再加上乘波体气动外形的建模比较烦琐，优化过程中随着乘波体外形的变化，计算网格的调整也比较复杂且网格质量变化比较大，易出现畸形网格等原因。本节的优化方法使用高超声速气动力估算作为计算优化目标函数的方法，即通过对乘波体表面微元的压力及摩擦力进行数值积分来求得乘波体的升力系数和阻力系数。

乘波体表面微元是指在生成乘波体下表面进行流线追踪过程中相邻流线上的节点所构成的三角形微元。在每个微元上进行气动力估算需在该微元上对相应的参数进行数值积分，但该微元面上的流场参数是未知的，已知的仅仅是构成三角形微元三个顶点的节点上的流场参数。本节采用在三角形微元中点处，用三个节点的参数进行反距离权重的插值方法估算该流场参数在三角形微元上的平均值。采用的反距离权重的插值方法如下：

$$\overline{V} = V_1 q_1 + V_2 q_2 + V_3 q_3 \tag{6.5}$$

式中，$\overline{V}$ 为流场参数在微元上的平均值；$V_n(n=1、2、3)$ 为三个节点处的流场参数；$q_n(n=1、2、3)$ 为权重因子，由式（4.6）计算得

$$q_n = \frac{1/d_n}{1/d_1 + 1/d_2 + 1/d_3} \tag{6.6}$$

式中，$d_n(n=1、2、3)$ 为节点 n 到三角形微元中点的距离。

6.3.1 无黏气动力估算

由于设计的乘波体上表面平行于来流的流面，压强系数为 0，不提供升力，所以只需考虑下表面提供的升力即可。在下表面上，各微元提供的无黏升力和阻力可以通过式（6.7）和式（6.8）求得

$$l_f = \frac{1}{2} \overline{c}_f \overline{\rho}_e \overline{v}_e^2 A_{vz} \tag{6.7}$$

$$d_f = \frac{1}{2} \overline{c}_f \overline{\rho}_e \overline{v}_e^2 A_{vx} \tag{6.8}$$

式中，$\overline{c}_f$、$\overline{\rho}_e$、$\overline{v}_e$ 分别为反距离差值得到的下表面三角形微元上摩擦力系数、边界层外缘气流的密度、速度的平均值；A_{vx}、A_{vz} 为三角形微元在 YoZ、XoY 平面上的投影面积。

因此，乘波体下表面压力所提供的总升力和总阻力为

$$L_p = \sum l_p \tag{6.9}$$

$$D_p = \sum d_p \tag{6.10}$$

基于以上论述，由于压力作用，乘波体表面的总升力系数以及总阻力系数为

$$C_{lp} = L_p / s_p \tag{6.11}$$

$$C_{dp} = D_p / s_p \tag{6.12}$$

式中，s_p 为乘波体的浸润面积。

6.3.2 黏性气动力估算

1. 参考温度法

与无黏气动力的估算类似，黏性气动力的估算是借由将表面微元上的摩擦力系数积分求得。对于节点的摩擦力系数采用参考温度法进行估算。参考温度法是一种基于不可压缩

流动方程估算高超声速气流的摩擦力和热传导的工程方法，该方法在高超声速飞行器选型设计中得到了广泛的运用。

基于参考温度法，高超声速流动中气动外形的某节点的摩擦力系数在层流和湍流的情况下可分别表示为

$$c_{f1} = \frac{0.664}{\sqrt{Re_x}} \tag{6.13}$$

$$c_{ft} = \frac{0.0592}{(Re_x)^{0.2}} \tag{6.14}$$

式中，c_{f1}、c_{ft} 分别为层流和湍流下的摩擦力系数；Re_x 为雷诺数，其计算式如下：

$$Re_x = \frac{\rho^* u_e x}{\mu^*} \tag{6.15}$$

式中，u_e 为边界层外缘处的气流速度；x 为特征长度，其数值为从前缘线沿流线到所求点的流线长度；ρ^*、μ^* 分别为参考温度 T^* 下的气体密度和动力黏度。参考温度 T^* 由该点边界层外缘处的马赫数 Ma_e 和壁面温度与边界层外缘温度的比值 T_w / T_e 通过式（6.16）计算得到

$$\frac{T^*}{T_e} = 1 + 0.032 Ma_e^2 + 0.58\left(\frac{T_w}{T_e} - 1\right) \tag{6.16}$$

式中，壁面温度 T_w 取 1 100 K。

假设边界层内的气流仍然可以用完全气体状态方程计算，则参考温度 T^* 下的气体密度 ρ^* 为

$$\rho^* = \frac{p^*}{RT^*} \tag{6.17}$$

根据边界层内流动的压力分布，通常可以近似取 $p^* = p_e$。

动力黏度 μ^* 采用 Sutherland 公式计算：

$$\frac{\mu^*}{\mu_r} = \left(\frac{T^*}{T_r}\right)^{1.5} \frac{T_r + S}{T^* + S} \tag{6.18}$$

式中，μ_r 为参考温度 T_r 下的参考动力黏度。T_r 取 288 K 时，参考动力黏度 μ_r 的值为 1.789×10^{-5} kg/(m·s)。S 为气体特征温度，空气取 110 K。

对于层流、湍流同时存在的情况，通过转捩雷诺数判断是层流还是湍流。当边界层外缘雷诺数大于转捩雷诺数时采用湍流方程计算，当边界层外缘雷诺数小于转捩雷诺数时采用层流方程计算。转捩雷诺数 Re_{xt} 的计算如下：

$$\lg Re_{xt} = 6.421 e^{1.209 \times 10^{-4} Ma_e^{2.641}} \tag{6.19}$$

2. 黏性力估算

以参考温度法得到节点处的摩擦力系数之后，用无黏气动力估算相似的方法估算乘波体气动外形的黏性力。

在下表面上，各微元提供的黏性升力和阻力可以通过式（6.20）和（6.21）求得：

$$l_f = \frac{1}{2}\overline{c}_f\overline{\rho}_e\overline{v}_e^2 A_{vz} \tag{6.20}$$

$$d_f = \frac{1}{2}\overline{c}_f\overline{\rho}_e\overline{v}_e^2 A_{vx} \tag{6.21}$$

式中，$\overline{c}_f$、$\overline{\rho}_e$、$\overline{v}_e$ 分别为反距离差值得到的下表面三角形微元上摩擦力系数、边界层外缘气流的密度和速度的平均值。A_{vz}、A_{vx} 分别为下表面三角形微元面积沿中点处的流线切线方向的 z、x 方向分量。

与无黏气动力不同，黏性力在上表面也提供气动力。因为上表面平行于自由来流，因此黏性力在下表面将只提供阻力。上表面各微元提供的黏性阻力为

$$d_{fu} = \frac{1}{2}\overline{c}_f\overline{\rho}_\infty\overline{v}_\infty^2 A \tag{6.22}$$

式中，$\overline{c}_f$ 为反距离差值得到的上表面三角形微元上摩擦力系数的平均值；A 为上表面三角形微元的面积。

因此，乘波体黏性力所提供的总升力和总阻力为

$$L_f = \sum l_f \tag{6.23}$$

$$D_f = \sum (d_f + d_{fu}) \tag{6.24}$$

基于以上论述，由于黏性力作用，乘波体表面的总升力系数以及总阻力系数为

$$C_{lf} = L_f \Big/ \left(\frac{1}{2}\rho_\infty v_\infty^2 s_p\right) \tag{6.25}$$

$$C_{df} = D_f \Big/ \left(\frac{1}{2}\rho_\infty v_\infty^2 s_p\right) \tag{6.26}$$

式中，s_p 为乘波体的浸润面积。

之后可以得到乘波体的总升力系数和阻力系数为

$$C_l = C_{lp} + C_{lf} \tag{6.27}$$

$$C_d = C_{dp} + C_{df} \tag{6.28}$$

6.4 优化过程及结果

本章优化的目标是在给定的锥形流场中搜寻最优气动性能的乘波体，上两章中已经介绍了乘波体的生成和其基础气动特性，并且得知乘波体的前缘曲线唯一地确定一个乘波外形。因此在基本流场确定的情况下，前缘线是乘波体外形及其气动力的决定因素，可选取

乘波体前缘线上的几何参数为优化自变量。本节从与激波面相交的椭圆柱的函数参数构成乘波体前缘线上的优化自变量，因为乘波体为左右面对称结构，因此椭圆柱的柱心在 XoZ 平面上，柱面垂直于 YoZ 平面。决定椭圆柱的方程如下：

$$\frac{y^2}{a^2}+\frac{(z+z_0)^2}{b^2}=1 \tag{6.29}$$

用决定椭圆柱方程的三个参数 a、b、z_0 来决定椭圆柱的形状，将其与锥形激波面的交

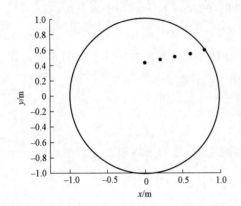

图 6.4　前缘的一半在底面上的投影示意图

线作为决定乘波体气动外形的前缘曲线，因此取这三个决定椭圆柱形状的参数为优化参数。在优化过程中将以不同的参数作为代替找出最优个体。与初始气动外形设计时相同，选取在 x 方向上等距的 9 个点来进行流线追踪，截止平面选择在距离 YoZ 平面 13 m 处。前缘的一半在底面上的投影示意图如图 6.4 所示。

用 MABCPSO 对三个优化参数进行优化，优化目标为气动估算得到的升阻比 C_l/C_d 最大。气动估算的条件参数与第 5 章的参数相同，为马赫数 $Ma=6$，飞行高度 $H=15$ km，以及激波角 $\beta=12°$。约束条件为：前缘线位于 XoY 平面下方；乘波体底面 $x_{end}=13$ m。算法的种群规模为 60，进化代数为 100，调节因子 c_1、c_2 设为 2，limit 的值设为 100。

马赫数 $Ma=6$，飞行高度 $H=15$ km，以及激波角 $\beta=12°$ 下的优化结果如图 6.5 和图 6.6 所示。

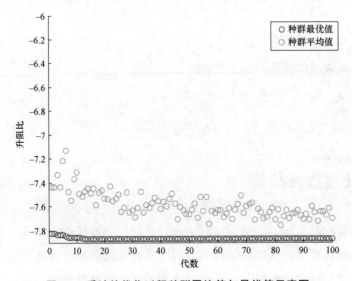

图 6.5　乘波体优化过程种群平均值与最优值示意图

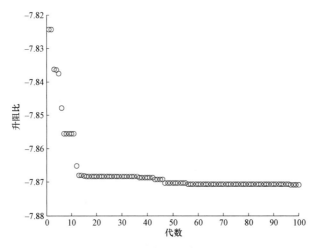

图 6.6　优化过程中种群最优值示意图

从结果上看，在第 17 代开始收敛，第 53 代收敛到最优值，此时的最优估算升阻比为 7.870 6，对应的最优个体为（3.344 0，3.343 40，4.862 4）

遵循第 2 章的方法，对优化结果的前缘线进行乘波体气动外形的建模，得到的结果如图 6.7 所示。

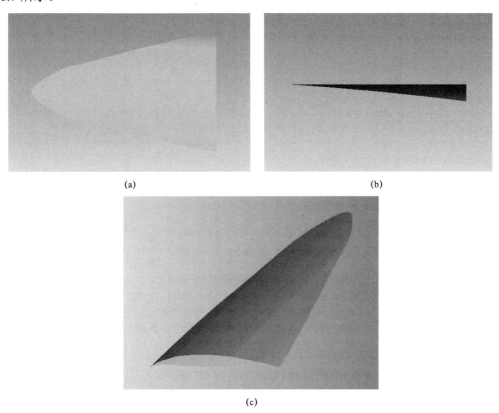

图 6.7　优化乘波体模型图

（a）优化乘波体俯视图；（b）优化乘波体右视图；（c）优化乘波体模型

6.5 优化后乘波体的气动参数

针对 6.4 节得到的优化乘波体气动外形，本节对其进行数值模拟计算并分析其气动特性。对优化后的气动外形设计结构网格，网格数量为 153 万，网格情况如图 6.8 所示。

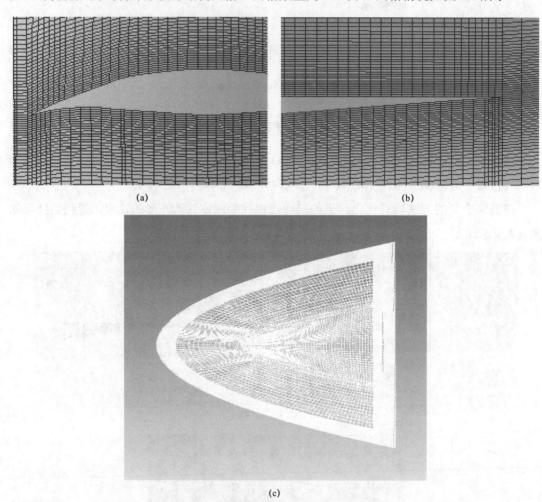

图 6.8 优化后乘波体结构网格示意图
（a）优化后乘波体网格横截面；（b）优化后乘波体网格纵截面；（c）乘波体网格俯视图

在 Fluent 中导入气动网格之后，选用和第 5 章一样的计算条件参数，对优化后的乘波体气动外形进行数值模拟。求解器选择基于密度求解器（湍流模型选择 Spalart-Allmaras（1 eqn）模型，气体选择理想气体，气体黏性参数选用三参数 Sutherland 模型，对流项的空间离散格式选用 Roe-FDS，迎风格式采用二阶迎风。在马赫数 $Ma=6$ 处，得到的结果如图 6.9~图 6.12 所示。

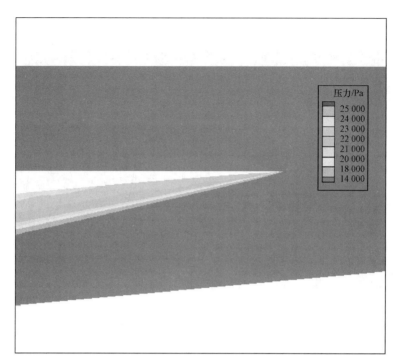

图 6.9　$Ma = 6$、$\alpha = 0°$ 时 $X - Z$ 对称面压力分布图

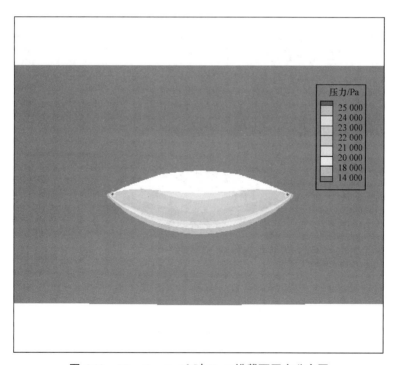

图 6.10　$Ma = 6$、$\alpha = 0°$ 时 $Y - Z$ 横截面压力分布图

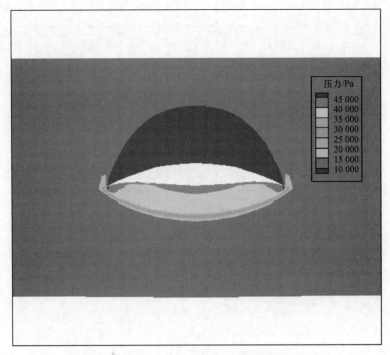

图 6.11　$Ma=6$、$\alpha=5°$ 时 $Y-Z$ 横截面压力分布图

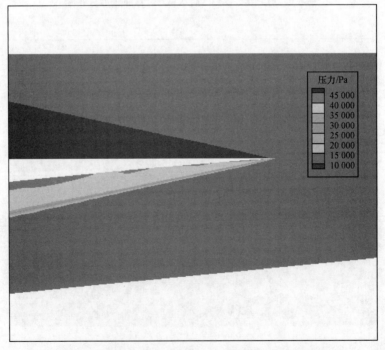

图 6.12　$Ma=6$、$\alpha=5°$ 时 $X-Z$ 对称面压力分布图

可以看出，在设计点 $Ma=6$ 处，优化乘波体下方依然具有附体激波，有着良好的乘波特性。且优化乘波体下方高压区域相对高于初始乘波体。在非设计点 $Ma=5$、7 处，乘波体

的压力分布如图 6.13～图 6.16 所示。

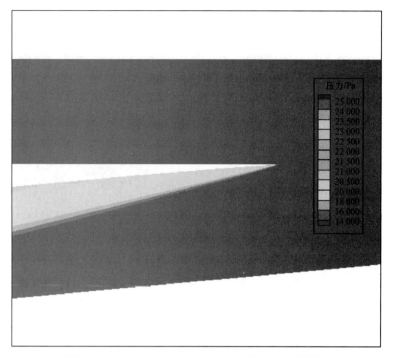

图 6.13　$Ma=5$、$\alpha=0°$ 时 X–Z 对称面压力分布图

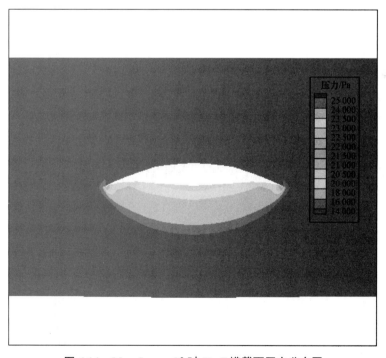

图 6.14　$Ma=5$、$\alpha=0°$ 时 Y–Z 横截面压力分布图

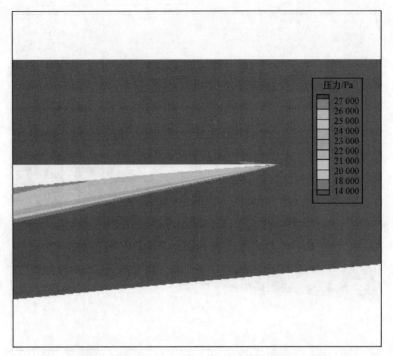

图 6.15　$Ma=7$、$\alpha=0°$ 时 $X-Z$ 对称面压力分布图

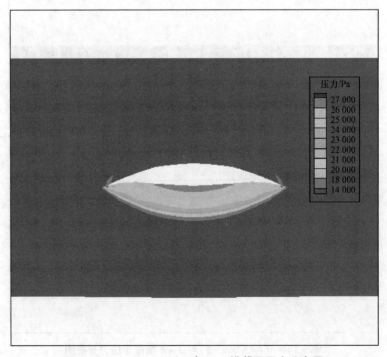

图 6.16　$Ma=7$、$\alpha=0°$ 时 $Y-Z$ 横截面压力分布图

可以看出，在非设计点处，乘波体下方依然具有附体激波，激波内的气流依然为高压气流。虽然有一部分高压气流泄漏到上表面，但乘波体依然具有一定的乘波特性，且可以大致看出，相对于初始乘波体，优化乘波体下方的高压区域要优于初始乘波体。优化乘波体不同马赫数下气动参数如表 6.1 所示。

表 6.1　优化乘波体不同马赫数下气动参数

马赫数	升力系数	阻力系数	升阻比
5.0	0.084 0	0.012 3	6.837 2
5.5	0.078 8	0.011 6	6.811 3
6.0	0.074 3	0.011 0	6.746 7
6.5	0.070 3	0.010 4	6.751 4
7.0	0.091 2	0.009 9	6.708 3
7.5	0.064 0	0.009 5	6.699 5
8.0	0.061 4	0.009 2	6.695 1

6.6　与初始乘波体的气动参数对比分析

6.6.1　优化前后乘波体升阻比对比分析

优化后乘波体和初始乘波体的气动参数对比如图 6.17～图 6.21 所示。

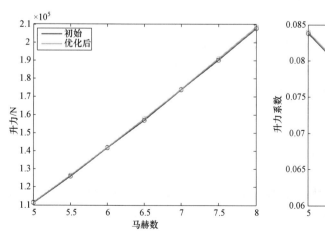

图 6.17　优化前后不同马赫数下升力对比

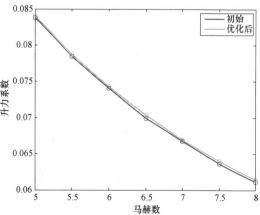

图 6.18　优化前后不同马赫数下升力系数对比

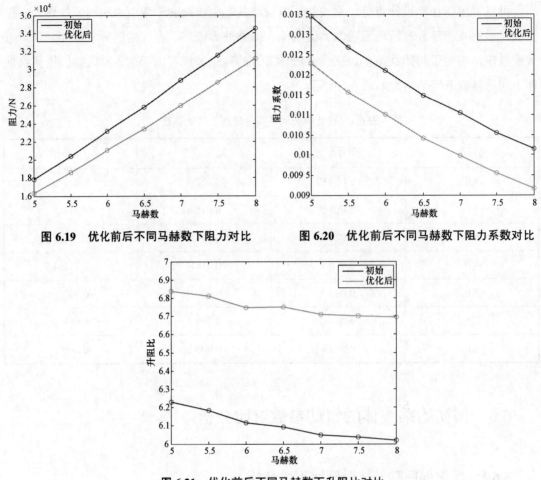

图 6.19　优化前后不同马赫数下阻力对比　　　图 6.20　优化前后不同马赫数下阻力系数对比

图 6.21　优化前后不同马赫数下升阻比对比

从图 6.17～图 6.21 中可以看出，乘波体的升力、阻力随马赫数增加而增加，且呈近似线性增长，升力系数、阻力系数随马赫数增加而减少，且升阻比也随马赫数的增加而呈降低趋势。

根据优化前后的对比来看，优化前后乘波体气动外形的升力以及升力系数变化不大，而优化前后乘波体气动外形的阻力及阻力系数却有明显的减少。阻力系数的变化影响了升阻比的变化，这是造成优化前后升阻比差异的原因。因此，在本次优化过程中，造成升阻比上升的主要因素是阻力系数的降低。

6.6.2　优化前后乘波体升力分析

对乘波体优化前后的升力进行分析，优化前后乘波体的无黏升力系数以及黏性升力系数的具体情况如图 6.22 和图 6.23 所示。

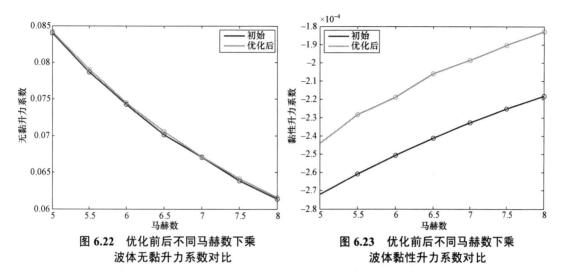

图 6.22 优化前后不同马赫数下乘 波体无黏升力系数对比

图 6.23 优化前后不同马赫数下乘 波体黏性升力系数对比

从图 6.22 和图 6.23 中可以看出，在无黏升力上，优化前后乘波体无黏升力的变化并不明显。而在黏性升力上，虽然优化前后作用在乘波体上的黏性力在 z 方向上的分量有明显的变化，但作用在乘波体上的黏性升力为负值，且数值上远小于无黏升力的数值，因此对总升力不会造成太大影响。

这说明，黏性力在乘波体升力上造成很小的影响。一方面是因为乘波体无黏总气动力在数值上要远大于黏性力，另一方面是由于乘波体近似扁平的上下表面使得黏性力对乘波体的作用仅会在 z 方向上造成很小的分量。近似扁平的乘波外形虽然减少了乘波前体的有效容积，但却有利于其气动特性。

6.6.3 优化前后乘波体阻力分析

对乘波体优化前后的阻力系数进行分析，优化前后乘波体的阻力以及阻力系数的具体情况如图 6.24 和图 6.25 所示。

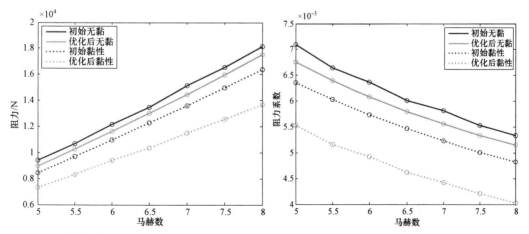

图 6.24 优化前后不同马赫数下乘波体阻力对比　图 6.25 优化前后不同马赫数下乘波体阻力系数对比

从图 6.24 和图 6.25 中可以看出，优化前后乘波体的阻力有明显变化，尤其是在黏性阻力上，优化后的乘波体具有更小的黏性阻力，其减少的值要明显大于优化前后无黏阻力减少的值。且黏性阻力随马赫数增长幅度也有明显的降低。

综合乘波体优化前后气动参数的分析可以得出：优化过程造成的黏性力的减少是本次优化升阻比提升的关键原因。因此可以得出结论，在本次优化的边界条件限定内，黏性力的减少是造成乘波体升阻比提升的主要因素。

6.7　本章小结

本章介绍了智能优化算法中的粒子群优化算法以及人工蜂群优化算法，并在此基础上进一步介绍了粒子群–人工蜂群混合优化算法，随后应用粒子群优化算法和人工蜂群优化算法的混合算法基于乘波体前缘曲线对乘波体气动外形进行气动优化。气动优化使用了高超声速飞行器黏性力估算方法中运用广泛的工程方法的参考温度法，得到最优气动外形。

同时对优化后的乘波体进行了气动力数值模拟，得到优化后的乘波体气动外形的气动参数。结果表明优化后的乘波体气动外形的升阻比相对于优化前的初始乘波体气动外形有着明显的优势，进而证明优化的有效性。之后，对优化前后乘波体气动外形的气动参数进行了对比分析。结果发现，在本章的优化过程使用的约束条件下，作用在乘波体上的黏性力在 x 方向上的分量是影响乘波体升阻比的主要原因。

习题 6

6.1　建立优化模型应该考虑哪些要素？

6.2　写出遗传算法中的两种交叉运算方法，并分别举例说明。

6.3　请解释何为适应度函数，并说明其在遗传算法中的作用。

6.4　请写出粒子群优化算法的工作流程，并写出粒子更新规律。

6.5　请说出粒子群优化算法中，惯性权重和学习因子的作用，并举例说明。

6.6　请简要概述代理模型，并以 CFD 计算为例说明代理模型在优化算法中的应用。

6.7　考虑一维非定常理想气体流动，其基本方程为如下 Euler 方程组：

$$\frac{\partial \rho}{\partial t} + \frac{\partial (\rho u)}{\partial x} = 0$$

$$\frac{\partial (\rho u)}{\partial t} + \frac{\partial (\rho u^2 + p)}{\partial x} = 0$$

$$\frac{\partial (E)}{\partial t} + \frac{\partial (u(E + p))}{\partial x} = 0$$

其中：

$$E = \frac{p}{\gamma - 1} + \frac{1}{2} \rho u^2$$

$t=0$ 时刻的初始值为

$$(\rho, u, p)^{\mathrm{T}} = \begin{cases} (\rho_1, u_1, p_1)^{\mathrm{T}}, & x \leqslant 0 \\ (\rho_2, u_2, p_2)^{\mathrm{T}}, & x > 0 \end{cases}$$

试给出 t 时刻的流场分布的精确解。

6.8　已知一拉瓦尔喷管出口面积与喉部面积之比 $A_1/A_{\mathrm{cr}}=4$。空气通过喷管并在 $A/A_{\mathrm{cr}}=2$ 处产生一正激波。已知波前的滞止压强 $p_0=100$ kPa，试求出口处的压强。

6.9　有一特殊的拉瓦尔喷管设计用于 $Ma=2$ 的可逆绝热流。当排气压强 p_b 和进气压强 p_0 之比上升到远大于设计值时，在喷管中出现正激波，激波前后的压强分别以 p_1、p_2 记之。设激波前后都是可逆的绝热流。试求：

（1）激波位于出口截面时，$\dfrac{p_b}{p_0}$ 的值的大小；

（2）当 $\dfrac{p_b}{p_0}=0.714$ 时管内正激波的位置。

第 7 章
扑翼飞行器非定常气动力计算方法

7.1 引言

微小型扑翼飞行器是依靠模仿昆虫或者鸟类扑动方式产生飞行所需升力和推力的新型微型飞行器,其应用广泛,在军用和民用领域都蕴含巨大经济效益。然而目前仍有许多关键技术,诸如仿生气动机理等,亟待研究解决。因此研究微小型扑翼飞行器的气动特性具有重要的学术价值。

本章主要借助 NPS（Naval Postgraduate School,美国海军研究生院）提出的固定翼-扑翼相结合的微型扑翼模型,构建此模型的数学模型,通过计算流体力学数值模拟方法,研究 NACA0014 翼型的刚性翼在不同扑动方式下周围流场的绕流特点和尾涡类型,结合研究成果为飞行器整体气动优化提供新的思路。

7.2 MAV 系统模型

本章试验主要以 NPS 提出的微型扑翼系统模型为基础,详见图 7.1。NPS flapping-wing

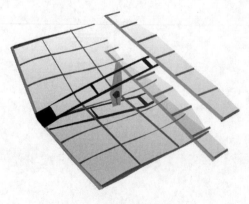

图 7.1　微型扑翼飞行器

MAV（微型扑翼飞行器）是美国海军研究生院设计的一种扑翼推进装置，此款样机由一个前端固定翼和后方的一对拍动尾翼组成。固定翼提供升力，而推力由扑翼来提供，扑动频率约为 20 Hz。由于这种固定翼主要提供升力而扑翼主要提供推力的结构，研究者能更好地研究扑翼提供的推力和推力效率，进而便于研究微型扑翼系统的气动特性。

接下来从该模型中，将三维的微型扑翼系统简化到二维研究，如图 7.2 所示。此时，可以忽略扑翼系统在飞行器水平飞行过程中翼的水平方向位移，因此位移相对很小，忽略并不会对计算结果产生较大影响。此时微型扑翼飞行器的扑翼运动可以简化成如下两个周期方程：

$$y(t) = hc\cos(\omega t) \tag{7.1}$$

$$\theta(t) = \alpha_0 + \theta_0\cos(\omega t + \phi) \tag{7.2}$$

式中，$y(t)$ 为沉浮运动（plunging motion）；$\theta(t)$ 为俯仰运动（pitching motion）；h 为沉浮运动的无量纲幅值；c 为弦长；hc 为沉浮运动幅值；ω 为单位为弧度/秒的角速度，角速度有时候也用 $2\pi f$ 来表示，其中 f 为扑动频率；α_0 为运动初始攻角；θ_0 为俯仰运动的幅值；ϕ 为俯仰运动和沉浮运动之间的相位超前角。图 7.2 中 O 点是俯仰运动的旋转支点，a 是从翼前端到旋转支点的无量纲长度。对于纯沉浮运动，有 $\alpha_0 = 0.0$、$\theta_0 = 0.0$ 和 $\dot{\theta}(t) = 0.0$。

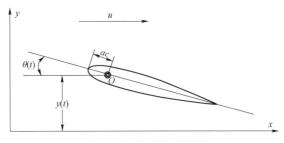

图 7.2　扑翼的数学模型

此外，雷诺数（Re）和斯特劳哈尔数（Sr）由以下公式计算。前者用来表示流体的黏性，后者表示扑翼速度和远方来流速度的相似度。这两个参数的计算公式分别如式（7.3）和式（7.4）所示。

$$Re = uc / \nu \tag{7.3}$$

$$Sr = fA / u \tag{7.4}$$

式中，ν 为流体的运动学黏度；A 为扑翼的尾迹宽度，可以直接简化为沉浮运动振动幅值的 2 倍。

由经典的空气动力学理论可知，阻力系数 C_d、升力系数 C_l 和俯仰力矩系数 C_m 的定义如下：

$$C_d = \frac{F_x}{0.5\rho u^2 S} \tag{7.5}$$

$$C_l = \frac{F_y}{0.5\rho u^2 S} \tag{7.6}$$

$$C_m = \frac{M_z}{0.5\rho u^2 SL} \tag{7.7}$$

式中，F_x 和 F_y 为气动力的合力沿水平方向和竖直方向的分量；ρ 为流体密度；S 为扑翼面积。对于二维问题，很难界定参考面积，于是在本章此后的论述里使用推力（thrust）和升力（lift）来讨论 MAV（微型飞行器）的气动特性。俯仰力矩的参考点即为俯仰运动的旋转支点，俯仰运动的讨论中旋转支点定位扑翼前缘，即 $a=0$。L 是参考长度且与弦长相等。设计者往往更关心微型扑翼飞行器在一个周期内的推力和升力变化，以及推进效率。推力/升力随时间变化曲线均在稳定后取一个周期来研究。至于推进效率 η 由式（7.8）定义：

$$\eta = u\bar{C}_t / \bar{C}_p \tag{7.8}$$

式中，u 为来流速度；$\bar{C}_t$ 为一个周期的平均推力系数；$\bar{C}_p$ 为驱动机翼扑动的功系数。$\bar{C}_t$、$\bar{C}_p$ 分别由式（7.9）和式（7.10）计算：

$$\bar{C}_t = -\bar{C}_d = -\frac{1}{T}\int_t^{t+T} C_d(t)\mathrm{d}t \tag{7.9}$$

$$\bar{C}_p = \frac{1}{T}\left(\int_t^{t+T} C_l(t)\dot{y}(t)\mathrm{d}t + \int_t^{t+T} C_m(t)\dot{\theta}(t)c\mathrm{d}t\right) \tag{7.10}$$

式中，$\bar{C}_d$ 为一个周期的平均阻力系数；$\bar{C}_l$ 为一个周期的平均升力系数；$\dot{y}(t)$ 和 $\dot{\theta}(t)$ 分别为 $y(t)$ 和 $\theta(t)$ 的一阶时间导数。由于扑翼相当于只提供推力，升力在一个周期内平均值为 0，因此推力作用就是扑翼驱动作用的体现；又由于实验中用到的是力而不是升力/推力系数，本章中用力代替力系数进行计算。将上述式子代入式（7.8）再简化：

$$\eta = \frac{\left(-\dfrac{1}{T}\int_t^{t+T} F_{\mathrm{Drag}}(t)\mathrm{d}t\right)\times u}{\dfrac{1}{T}\left[\int_t^{t+T} F_{\mathrm{Lift}}(t)\dot{y}(t)\mathrm{d}t + \dfrac{1}{T}\int_t^{t+T}\dfrac{1}{c}M(t)\dot{\theta}(t)c\mathrm{d}t\right]} \tag{7.11}$$

将阻力换成推力可得

$$\eta = \frac{\left(\dfrac{1}{T}\int_t^{t+T} F_{\mathrm{Thrust}}(t)\mathrm{d}t\right)\times u}{\dfrac{1}{T}\left[\int_t^{t+T} F_{\mathrm{Lift}}(t)\dot{y}(t)\mathrm{d}t + \int_t^{t+T}\dfrac{1}{c}M(t)\dot{\theta}(t)c\mathrm{d}t\right]} \tag{7.12}$$

7.3　数值计算方法

针对扑翼问题的数值计算方法随着计算机技术和数值计算方法的逐代更新而不断发展，从最初针对二维情况势流和无限薄平板的 Garrick 理论，到准定常算法、非定常的面元法和基于 Navier–Stokes 方程的计算流体力学方法。本章采用 CFD 方法对微型仿生扑翼飞行器进行数值计算。

7.3.1　控制方程组

本章采用 CFD 解算器 Fluent v6.3.26 来进行扑动翼型非定常流场的解算和模拟。计算过程中认定微型扑翼系统周围的流场为有黏性不可压流，并由于 MAV 飞行过程中的低雷诺数特性，本章采用层流（laminar flow）模型进行流场模拟。解算时利用有限体积法来求解时间相关的 Navier–Stokes 方程组。本章研究过程中运用动网格技术，在一个惯性坐标系里求解质量和动量方程。下列为去量纲化的质量和动量方程，如式（7.13）和式（7.14）所示：

$$\nabla \cdot \boldsymbol{u} = 0 \tag{7.13}$$

$$Sr \frac{\partial \boldsymbol{u}}{\partial t} + (\nabla \cdot \boldsymbol{u})\boldsymbol{u} = -\nabla p + \frac{1}{Re}\nabla^2 \boldsymbol{u} \tag{7.14}$$

式中，$\boldsymbol{u}$ 和 p 分别为无量纲化的速度和压力。

7.3.2　边界条件和初始条件

流场的流动方式是从左向右，边界条件设置为左侧为来流（inlet flow）入口，且为匀速，即 $u_1 = U_\infty$，$u_2 = 0$；右侧为流动出口（outlet flow），设置速度变量梯度为 0，即 $\frac{\partial u_1}{\partial x_1} = \frac{\partial u_2}{\partial x_1} = 0$。区域的上下边界同样设置为零滑移壁面，并且采用对称边界条件，表达式为 $u_2 = 0$，$\frac{\mathrm{d}u_1}{\mathrm{d}x_2} = 0$，$\frac{\mathrm{d}p}{\mathrm{d}x_2} = 0$。设置扑翼的表面是无滑移边界，表面流体的速度等于翼在流场中的运动速度；翼型在开始扑动前一直保持静止，此为初始条件。

7.3.3　翼型选择和网格生成方法

本章以常用的 NACA 4–字型对称翼型为对象。传统的 4–字型 NACA 翼型如下：

$$y = \frac{t}{0.2}c\left[0.296\,9\sqrt{\frac{x}{c}} - 0.126\,0\left(\frac{x}{c}\right) - 0.351\,6\left(\frac{x}{c}\right)^2 + 0.284\,3\left(\frac{x}{c}\right)^3 - 0.101\,5\left(\frac{x}{c}\right)^4\right]$$

$$\tag{7.15}$$

式中，x 为弦向位置，取值范围为 0.0 到 c；y 为给定弦向位置 x 的半厚度；t 为将弦长经过无量纲化所得到的翼型最大厚度。本研究选取多数样机采用的 NACA0014 翼型来模拟。

网格选择非结构三角形网格。

非结构网格指的是没有规则拓扑关系的网格，它通常由 polygon triangulation（三角剖分）组成。非结构化网格是指网格区域内点不具备相同的相邻的独立单元，意思是和网格剖分区域里面的不同内点相连的网格数目是不同的。网格里面的每个元素都可以是二维的多边形或者是三维多面体，其中二维的三角形以及三维的四面体比较常见。在网格中，每个元素之间没有隐含的连通性。本实验网格类型选用的是非结构三角形网格，生成方法为 paving，长方形区域长为 20 倍弦长，宽 8 倍弦长，这可以保证网格重画对翼周围的流场模拟的影响足够小，机翼附近网格密集程度较高。翼型表面均有 201 个网格节点，且靠近前缘的部分比较密，其余部分稍微稀疏一些。如图 7.3 和图 7.4 所示。

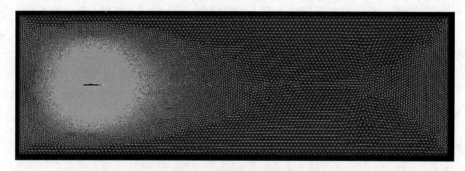

图 7.3　网格生成示意图

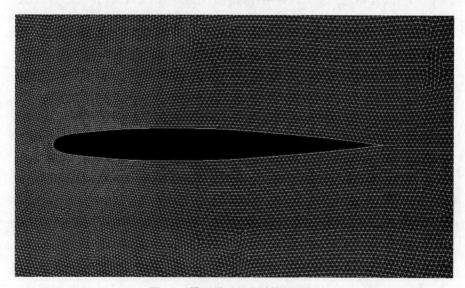

图 7.4　翼型附近的非结构性网格

由于边界条件的设置，来流速度不变，因此本实验需要加载动网格，在 Fluent v6.3.26 中直接写入翼的运动方式并且在其中导入 UDF 文件，实现翼的拍动。

7.3.4　网格的独立性检验

本章首先对 paving 出的网格进行独立性检验。选取验证算例为做纯沉浮运动的 NACA0014 翼型，计算条件为 $h = 0.4$、$u = 5$ m/s、$c = 0.064$ m、$f = 170$ Hz，这里选择的数据和之后模拟昆虫飞行相同。选取了三种不同密度的 paving 方式，分别为每个翼型表面节点数为 201、401 和 101，对应中等、稠密和稀疏三种网格，每种网格的近翼型的第一层网格距翼型的厚度均相等。每种网格模拟上述纯沉浮运动。实验发现，升力系数和阻力系数的时间曲线均在 3～4 个周期后趋于平滑的周期型曲线，将升力系数换算成升力之后，可以作出图 7.5，即收敛后某一个扑动周期的升力的时间曲线，由图可知，这三种网格的符合程度十分高，因此计算结果偏差很小。综上所述，本章后续部分均将采用 201 节点型。

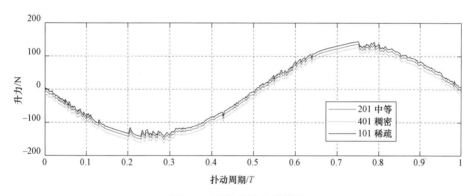

图 7.5　网格的独立性检验

7.4　数值计算方法的准确性验证

接下来用相同的数值计算方法来模拟圆柱绕流问题，验证算例选取两个固定水平排列、间距为 4 倍直径的圆柱体，在雷诺数为 $Re = 200$ 的条件下测量平均阻力系数（C_d）、升力系数波动（C_l）和斯特劳哈尔数（St），并将测得结果和 Meneghini 等以及 Slaouti 和 Stansby 进行对比。下角标 1 和下角标 2 分别表示前后两个被绕流的圆柱体。如表 7.1 所示。

表 7.1　数值模拟结果与实验结果对比

$L/D = 4$	C_{d1}	C_{l1}	St_1	C_{d2}	C_{l2}	St_2
当前	1.16	0.72	0.2	0.62	2.1	0.2

$L/D=4$	C_{d1}	C_{l1}	St_1	C_{d2}	C_{l2}	St_2
Boraziani 和 Sotiropoulous	1.29	0.745	0.185	0.6	1.9	0.185
Meneghini 等	1.18	0.75*	0.174	0.38	1.5*	0.174
Slaouti 和 Stansby	1.11±0.05	0.7	0.19	0.88±0.4	1.8	0.19

所有数据均和 Boraziani 和 Sotiropoulous、Meneghini 等以及 Slaouti 和 Stansby 的结论高度吻合，这很好地验证了本章的数值计算方法的准确性；两个水平排列的圆柱绕流升力和阻力系数如图 7.6 和图 7.7 所示。

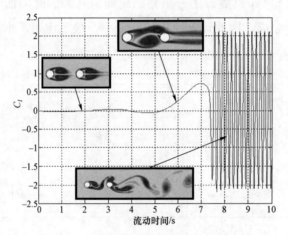

图 7.6　$L/D=4$ 圆柱绕流的升力系数曲线

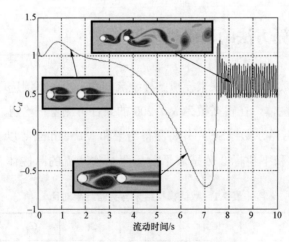

图 7.7　$L/D=4$ 圆柱绕流的阻力系数曲线

7.5　扑动飞行的尾迹涡街

帮助昆虫产生非定常高升力的机制，分别为"延迟失速机制""旋转环流机制""尾迹捕捉机制"和"Weis－Fogh 拍合机制"，由于目前并没有具体的理论或者精确的经验公式来诠释低雷诺数下的空气动力学问题，这四种机制带来的升力效益一般来说仅仅可以估算。这些高升力机制可以通过对涡的分析得以体现。

人们都知道的是，翼的扑动可以产生动力，同时在流场中产生一系列的涡。新的涡随着机翼扑动不断产生，随着来流向后漂移并不断变形，直到形成扑动稳定的尾迹涡街，简称尾涡，其结构和机翼的前飞状态息息相关，从尾涡可以直接看出机翼的扑动产生阻力还是推力。1935 年 Von Karman 和 Brugers 表述了尾迹涡街里涡的位置、方向和其引发的阻力或者推力之间关系。他们将涡街里的涡分为上下两组，当上方涡均顺时针转动，同时下方涡逆时针转动时，观察尾涡中心，流场速度和来流相反，这说明半柱体对涡的作用和来流方向相反，施加给半柱体的力和来流方向相同，产生阻力，此时的涡街被定义为"卡门涡街"，如图 7.8 所示；当上方涡均逆时针转动，同时下方涡顺时针转动时，可以看出此时半柱体对涡的作用和来流方向相同，产生推力，此时涡街被定义为"反卡门涡街"（reverse Karman vortex street），如图 7.9 所示。

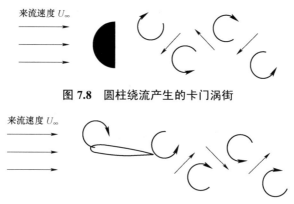

图 7.8　圆柱绕流产生的卡门涡街

图 7.9　翼扑动产生的反卡门涡街

7.6　沉浮运动的升力特性分析

对本章选取的 NPS 微型扑翼飞行器模型，扑翼不产生升力作用而只产生推力（或阻力）作用，升力在单周期内作用为 0，但升力作用在整体的功率转换上仍要考虑。本节仅在沉浮运动中讨论升力曲线特征。

图 7.10 是沉浮运动单周期升力变化曲线，等待仿真出的升力系数稳定后，选取其中一个周期并换算成升力。翼先上拍再下拍，$T=0$ 时翼处于拍动的最下方，速度为 0。可以看出曲线先是比较波动，而在达到升力峰值前曲线较为平稳，又在峰值附近产生升力波动。

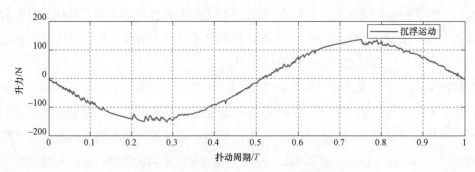

图 7.10 沉浮运动单周期升力变化曲线

这个现象是前缘涡（LEV）和前半周期脱落的前缘涡（PLEV）相互耦合的结果。下拍过程中，涡产生在翼上表面会增大升力系数（升力），而产生在下表面会减小升力系数（升力）。图 7.11 是一个扑动周期的 6 个压力云图，由图可以看出，图 7.11（a）中翼高速向上拍动，下表面前缘涡刚刚形成，而前半周期下表面前缘涡在尾翼准备脱落，此时两个涡都在翼下方，对应图 7.10 中负峰值前 0.1～0.2 T 范围的平滑曲线；图 7.11（b）中翼刚开始向下拍动，翼速度较低，下表面 LEV 刚刚形成，而正在经历上表面 PLEV，两个涡相互耦合，对应图 7.10 中 0.4～0.5 T 范围的小幅波动；图 7.11（c）中翼高速向下拍动，上表面 LEV 刚刚形成，上表面 PLEV 正在脱落，两个涡共同诱导出升力增大的效果，对应图 7.10 中峰值前 0.6～0.7 T 附近范围的平滑曲线。同理可以分析图 7.11（d）到图 7.11（f）涡的漂移情形，压力云图相反。这种现象取决于扑动翼型的扑动类型和相应的动力学系数，如果其中的某一个参数发生了改变。例如，增大或减小沉浮运动的幅值，这种现象的表现形式将可能随之发生改变。上述现象可以看出涡的流动分离作用有较明显影响。

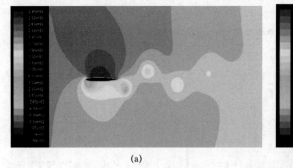
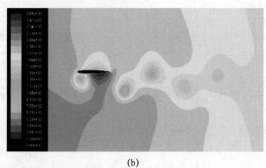

(a)   (b)

图 7.11 沉浮运动单周期压力云图

（a）扑翼从中间位置开始向上扑动；（b）扑翼位于最高位置开始向下扑动

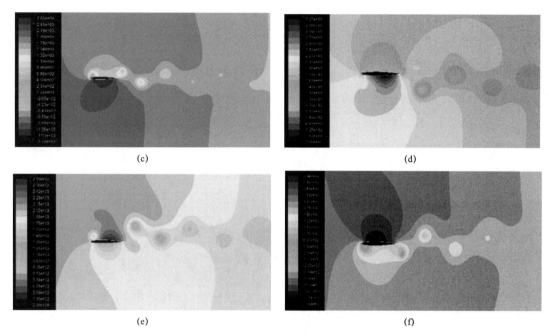

(c)　　　　　　　　　　　　　　　　(d)

(e)　　　　　　　　　　　　　　　　(f)

图 7.11　沉浮运动单周期压力云图（续）

（c）扑翼高速向下扑动；（d）扑翼位于最低位置开始向上扑动；

（e）扑翼高速向上扑动；（f）扑翼向上扑动回到中间位置

7.7　沉浮运动的推力特性分析

图 7.12 为沉浮运动单周期推力变化曲线，等到阻力系数曲线稳定后，换算成推力，选取其中一个周期。扑动周期的开始，翼的初始状态速度大小为 0。可以看出扑动过程中推力存在两个波峰，推力始终大于 0，这说明扑动幅值为 0.4 倍弦长，扑动频率为 170 Hz 的情况下，微型扑翼的沉浮运动始终具有推力作用，本实验中推力峰值约为 12 N。

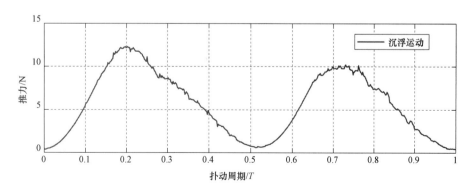

图 7.12　沉浮运动单周期推力变化曲线

　　纯沉浮运动可以产生很大的推力，因为在这个条件下的纯沉浮运动可以产生反卡门涡街。图 7.13 是一个扑动周期的 6 个涡量云图。图 7.13（a）瞬间翼刚要向上扑动，翼面下方尾端涡正在产生，此时推力相对较小，对应图 7.12 中 0～0.1 T 段；之后的图 7.13（b）表示翼下方的顺时针涡已经形成并且刚要脱离，此时下方涡对翼的作用力最大，对应图 7.12 中 0.2 T 附近；图 7.13（c）是翼已经开始从上向下拍动，翼上表面顺时针尾端涡刚要形成，对应图 7.12 中 0.4～0.5 T 段，后面的运动同理，只不过涡量云图相反。

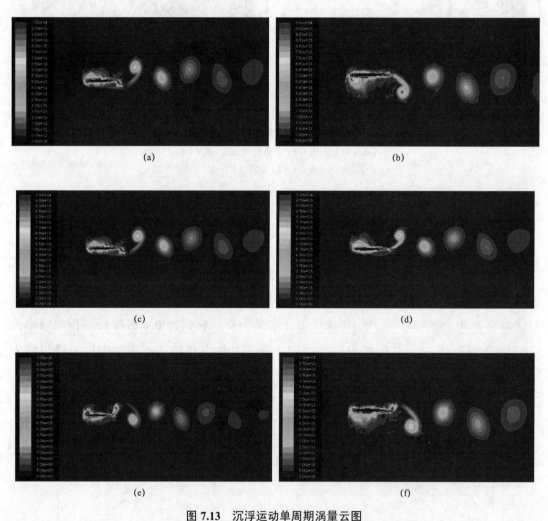

图 7.13　沉浮运动单周期涡量云图

（a）扑翼从中间位置开始向上扑动；（b）扑翼位于最高位置开始向下扑动；

（c）扑翼高速向下扑动；（d）扑翼位于最低位置开始向上扑动；

（e）扑翼高速向上扑动；（f）扑翼向上扑动回到中间位置

7.8　模拟俯仰运动的实验结果和气动特性分析

本节将主要讨论各个条件下俯仰运动的推力特性。二维模型实验中俯仰运动的摆动原点定为 NACA0014 翼型的前缘。对纯俯仰运动，有 $y(t)=0$，运动初始攻角 $\alpha_0=0$，计算条件 $y(t)=0$、$u=5$ m/s、$c=0.064$ m。为研究俯仰运动气动特性，本实验在扑动幅值分别为 $\theta_0=5°$、$\theta_0=10°$、$\theta_0=20°$ 的情形下，分别加载 $f=20$ Hz、$f=180$ Hz、$f=170$ Hz 的扑动频率。幅值分别表示小幅扑动到大幅扑动，20 Hz 频率模拟目前大部分 MAV 样机扑动频率，80 Hz 模拟目前较高扑动频率的样机，而 170 Hz 模拟的是果蝇的扑动频率，部分昆虫扑动频率甚至还要更高，本节只模拟到 170 Hz。在各个幅值条件下加载上述扑动频率，产生足够多的尾涡后，得到如图 7.14 到图 7.22 所示的 9 个涡量云图。

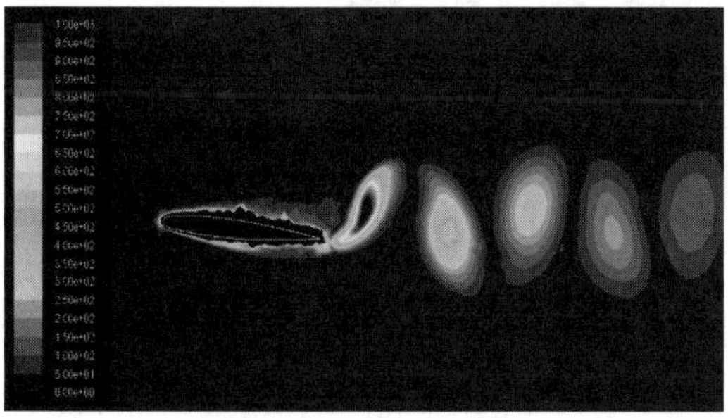

图 7.14　幅值 5°、20 Hz 时的涡量云图

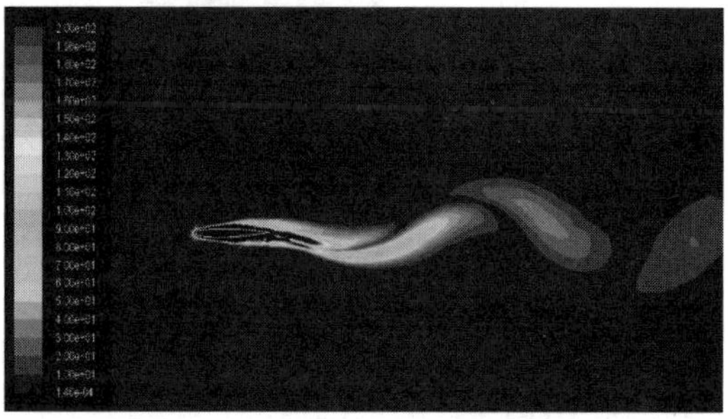

图 7.15　幅值 5°、80 Hz 的涡量云图

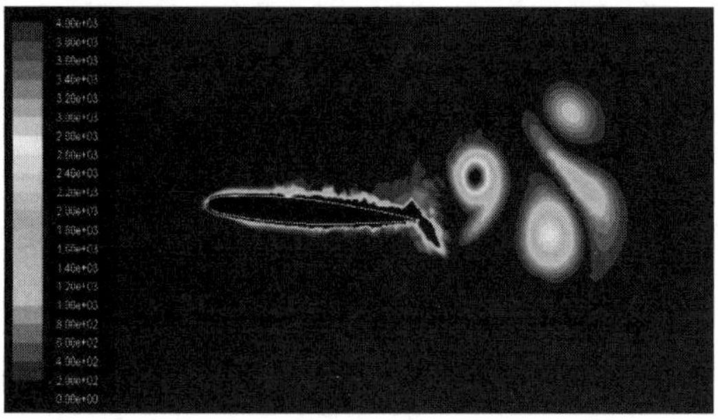

图 7.16　幅值 5°、170 Hz 的涡量云图

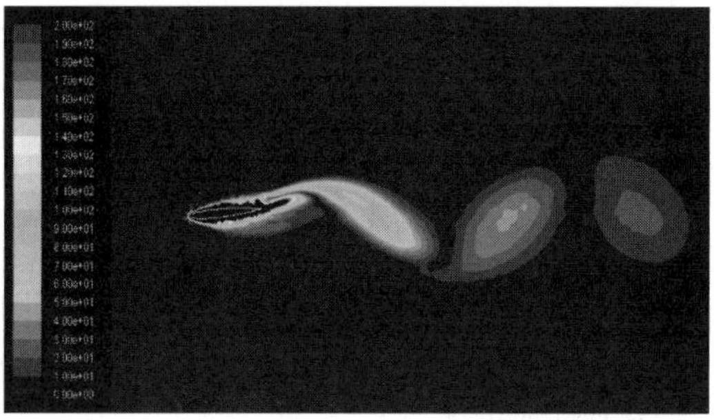

图 7.17　幅值 10°、20 Hz 的涡量云图

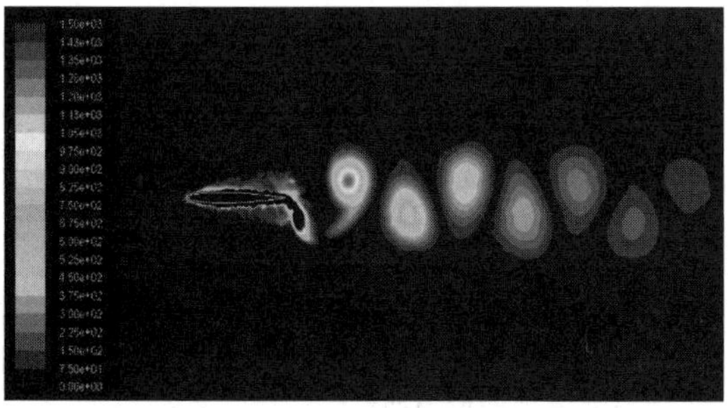

图 7.18　幅值 10°、80 Hz 的涡量云图

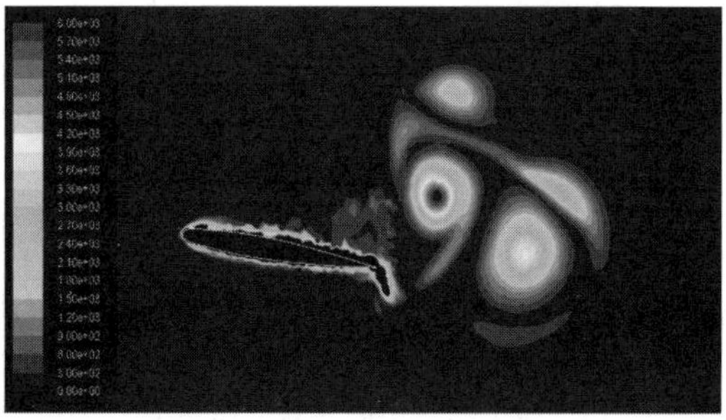

图 7.19　幅值 10°、170 Hz 的涡量云图

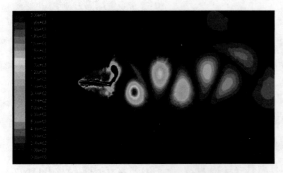

图 7.20　幅值 20°、20 Hz 的涡量云图

图 7.21　幅值 20°、80 Hz 的涡量云图

图 7.22　幅值 20°、170 Hz 的涡量云图

由图 7.14～图 7.22 可知，随着拍动频率的增加，尾涡逐渐变明显，并由单排变双排再变到"大涡吃小涡"的混乱情形，如 20 Hz 条件下几乎是单排涡，相邻的尾涡旋向不同，80 Hz 条件下无论幅值如何都出现了双排涡。同时，幅值越大上下两排涡的分离度也越高。

首先，分别绘制幅值 10°，频率为 20 Hz、80 Hz 和 170 Hz 的俯仰运动单周期内推力随时间变化曲线，分别对应图 7.23、图 7.24 以及图 7.25。可以看出，无论频率多大，推力曲线在一个周期内有两个峰值，20 Hz 和 80 Hz 时曲线较为平滑，170 Hz 的情况下推力曲线比较粗糙。由图 7.23 可知，20 Hz 条件下推力仅在两个峰值附近大于零，更多的是阻力效果，对应图 7.17 中的单排涡；由图 7.24 可知，随着频率的增加，扑动频率为 80 Hz 时单周期内仅在翼的低速状态出现阻力情况，大部分时间产生推力作用，峰值约为 1 N，对应逆卡门涡

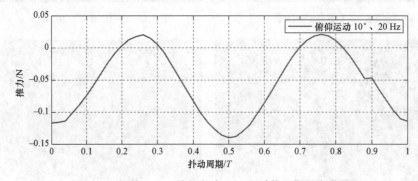

图 7.23　幅值 10°、俯仰频率 20 Hz 时单周期推力曲线

街状态。观察图 7.25,扑动频率为 170 Hz 的条件下产生阻力的情形几乎没有,峰值约为 5 N,高速扑动的条件下涡的状态十分紊乱,导致推力曲线粗糙,每次扑动刚脱落的尾涡会吞并前半周期脱落的尾涡,由图 7.19 可知没有规律的尾迹涡街。

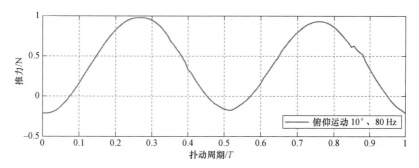

图 7.24 幅值 10°、俯仰频率 80 Hz 时单周期推力曲线

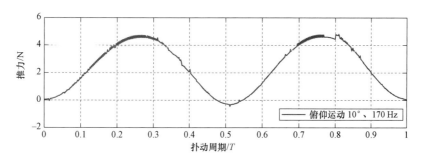

图 7.25 幅值 10°、俯仰频率 170 Hz 时单周期推力曲线

其次,再绘制扑动频率为 80 Hz,扑动幅值分别为 5°、10° 和 20° 的俯仰运动单周期内推力随时间变化曲线,对应图 7.26 中三条曲线。幅值为 5° 时产生推力效果不明显,图 7.27 为改变分度值后的推力曲线,由图可知 0.1~0.4 T 以及 0.6~0.9 T 时产生推力作用,上排涡和下排涡分离程度不高;幅值为 10° 时推力峰值约 1 N,这时两排涡分离程度得到加强,产生推力效果更为明显;幅值为 20° 时的推力峰值接近 5 N,但同时低速状态下也会有更大的阻力效果,上下两排涡明显分离,尾涡更容易分离。

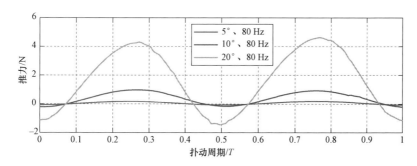

图 7.26 扑动频率为 80 Hz 时各个幅值对应单周期推力曲线

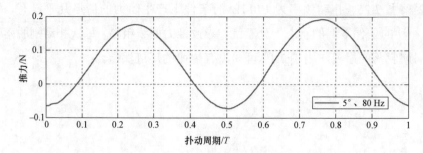

图 7.27 幅值 5°、扑动频率 80 Hz 时单周期推力曲线

7.9 仿昆虫微型扑翼飞行器推进效率计算

为进一步探究微型仿生扑翼飞行器效率，本节将讨论高频率仿昆虫飞行器的推进效率。已知目前扑动频率约为 20 Hz 的大部分样机推进效率约为 15%~20%，本节将模拟真实情况下仿昆虫 MAV 的气动特性，再借助推导公式计算其推进效率。计算条件为：$u = 5$ m/s、$c = 0.064$ m、$f = 170$ Hz、$\alpha_0 = 0.0$、$\theta_0 = 10°$、$h = 0.4$、$\phi = 0$，得到图 7.28 所示单周期推力变化曲线、图 7.29 所示单周期升力变化曲线以及图 7.30 所示单周期力矩变化曲线。

不同俯仰运动的尾涡类型和平均推力效果，如表 7.2 所示。

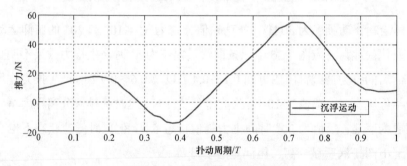

图 7.28 单周期推力变化曲线

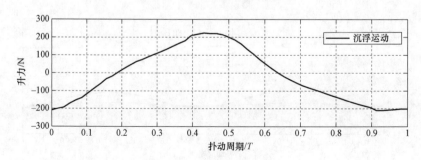

图 7.29 单周期升力变化曲线

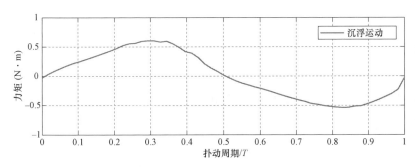

图 7.30　单周期力矩变化曲线

表 7.2　不同俯仰运动的尾涡类型和平均推力效果

俯仰运动类型	尾涡类型	平均推力/N
5°、20 Hz	单排涡	−0.1
5°、80 Hz	分离度低双排涡	0.2
5°、170 Hz	混乱涡	1.5
10°、20 Hz	单排涡	−0.14
10°、80 Hz	逆卡门涡街	1
10°、170 Hz	混乱涡	5
20°、20 Hz	单排涡	−0.48
20°、80 Hz	逆卡门涡街	5
20°、170 Hz	混乱涡	25

7.10　本章小结

本章首先确定出本章使用的 MAV 系统模型，为 NPS 提出的扑翼系统模型，在此基础上借助经典空气动力学理论分析。之后确定出实验所用的数值计算方法，一并表述了控制方程组，网格的生成方法、边界条件和初始条件，以及翼型的选择，并在此基础上做了网格的独立性检验，将翼的运动方式加载到 Fluent 中，写入 UDF 文件并加载动网格。通过 paving 不同密度的非结构化网格对相同纯沉浮运动算例进行计算，为本章网格使用的正确性提供依据。最后为本章所用数值计算方法进行准确性验证，很好地验证了本章数值计算方法的准确性。总结讨论了纯俯仰运动在不同幅值和扑动频率下的气动力特性，其尾涡类型和单周期平均推力效果。

习题 7

7.1　如果地面上空气压力为 0.101 325 MPa，求距地面 100 m 和 1 000 m 高空处的压力。

7.2　如果海面压力为一个工程大气压，求潜艇下潜深度为 50 m、500 m 和 5 000 m 时所承受海水的压力分别为多少。

7.3　设水深为 h，试对下述几种剖面形状的柱形水坝，分别计算水对单位长度水坝的作用力。（1）抛物线：$z = ax^2$，（a 为常数）；（2）正弦曲线：$z = a\sin bx$（$b/a \leqslant 1$，a、b 为常数）。

7.4　一圆筒形容器的半径为 R，所盛水的高度为 H。若该容器以等角速度 ω 绕其中心轴转动，设 $r=0$，$z=h$ 点的压力为 p_0，试求容器内水的压力分布及自由表面方程（设容器足够高，旋转时水不会流出）。

7.5　底面积 $a \times a = 200 \times 200 \ mm^2$ 的正方形容器的质量为 $m_1 = 4 \ kg$，水的高度为 $h = 150 \ mm$，容器在质量为 $m_2 = 25 \ kg$ 的重物作用下沿平板滑动，设容器底面与平板间的摩擦系数为 0.13，试求不使水溢出的最小高度 H。

7.6　一物体位于互不相溶的两种液体的交界处。若两液体的重度分别为 γ_1、γ_2（$\gamma_2 > \gamma_1$），物体浸入液体 γ_1 中的体积为 V_1，浸入液体 γ_2 中的体积为 V_2，求物体的浮力。

7.7　在水池和风洞中进行船模试验时，需要测定由下式定义的无因次数（雷诺数）$Re = \dfrac{UL}{\nu}$，其中 U 为试验速度，L 为船模长度，ν 为流体的运动黏性系数。如果 $U = 20 \ m/s$，$L = 4 \ m$，温度由 10 ℃增到 40 ℃时，分别计算在水池和风洞中试验时的 Re 数。（10 ℃时水和空气的运动黏性系数为 0.013×10^{-4} 和 0.014×10^{-4}，40 ℃时水和空气的运动黏性系数为 $0.007\ 5 \times 10^{-4}$ 和 0.179×10^{-4}）

7.8　底面积为 1.5 m^2 的薄板在静水的表面以速度 $U = 16 \ m/s$ 做水平运动，已知流体层厚度 $h = 4 \ mm$，设流体的速度为线性分布 $u = \dfrac{U}{h}y$，求移动平板需要多大的力（其中水温为 20 ℃）。

第8章
基于视觉的无人机位置估计方案

8.1 引言

基于视觉的无人机位置姿态估计的大致过程，是经由无人机上携带的云台相机对预设的标志物进行识别，之后用云台相机获得的画面和无人机飞控得到的飞行器参数通过计算机视觉的方法进行解算，从而得到无人机位置姿态的一种方法。对于无人机的自主着陆，基于视觉的方法有一定的精确度和抗干扰性，也是运用得比较多的一种自主着陆方式。本章中运用的标志物是一种类汉明码的标志物，通过对其的识别来进行位置姿态估计。

8.2 车载无人机自主着陆的方案

本节所提出的车载无人机自主着陆方案运用的是 DGPS（差分全球定位系统）以及视觉导航的结合。而在着陆过程中主要运用的是视觉导航。其过程为将通过视觉导航系统 Guidance 获得的高度参数导入妙算系统中，对云台相机拍摄到的画面进行解算，得到无人机所在的位置姿态，然后通过对于位置的微分得到车辆的速度，并调整无人机进行追踪，当无人机能够在车辆上方跟随车辆之后，根据比例导引的方法让无人机下降并着陆于车辆顶端。无人机系统的总体框图如图8.1所示。

图 8.1 无人机系统的总休框图

其中，视觉导航系统 Guidance 负责测量高度等部分姿态位置信息并传给无人机进行解算。在无人机执行完任务之后，飞控将通过差分 GPS 寻找车辆所在的大致位置，然后控制无人机飞向那个方向，之后控制云台相机寻找标志物，在检测到标志物之后锁定标志物，控制无人机以平行接近的方式着陆。

8.3 无人机着陆的计算机视觉导航方法

在无人机自主飞行的技术之中，导航技术是一个关键技术，无人机整体性能的提高离不开高效、精确、完善的导航技术。设计精确、高鲁棒性、综合性能好的导航方法也是现今一大攻关难点。

对于不同的使用对象以及不同的情景，往往会运用到不同的导航方法。例如一般的车辆飞行器就多用卫星导航，而导弹等需要高的抗干扰和隐蔽性的飞行器就比较适合惯性导航。图像导航技术是导航装置利用视觉传感器获取视觉信息，对获取的图像进行图像处理、图像分析，或者对标志物进行识别，或者对已有的地图信息进行匹配比较。作为一种重要的无人机导航技术方法，图像导航是无人机导航领域的一大研究热门。现阶段图像导航也有用于末制导的情况，在自主无人机飞行过程中、起飞降落时、执行任务时图像导航也同样具有可行性。基于地图匹配的图像导航有如下的步骤：通过机载相机摄取地面背景从而得到图像，之后将图像传输到机载计算机中。计算机调出准备好的地图信息，并与云台相机拍摄到的实时图像进行图像匹配，这是用基于计算机视觉的图像匹配算法完成的。计算机对图像和地图信息进行匹配后，将会得到对应的特征点，对于这些特征点的转换关系进行解算，从而获得无人机的位置信息。其中，图像匹配是相当关键的一环。到目前为止，研究的主要方向之一即如何进行高效率、高精度、高准确度的图像匹配。现阶段的研究关键是对于不同源的图像如何匹配以及如何提高匹配的可靠性。

而视觉引导除了进行地图匹配以外，还可以通过识别特定的目标来实现。这种方法在无人机的着陆方面有着广泛的应用。因为不用匹配地图信息，所以对控制系统有着一定的减负作用，另外，由于所需要的设备简单便宜，引导完全自主，对于小型无人机来说，这种方法有着优秀的前景。

基于视觉的无人机自主着陆的研究方向大致分为两种：基于合作目标的计算机视觉定位；还有基于场景识别的计算机视觉定位。对于车载无人机来说，因为车辆不常驻于一个地点，而且无人机作业时车辆一般是移动的，因此基于场景识别的计算机视觉定位是很难实现的。相对来说，基于合作目标的计算机视觉定位更适合车载无人机的自主着陆。本章将采用 DGPS 与图像导航的混合导航，对车载无人机的自主着陆进行设计，通过四旋翼无人机实验平台进行仿真实验，验证所设计的自主着陆方法以及自主着陆辅助装置的合理性和可行性。

8.3.1　几个视觉坐标系的转换

基于视觉的无人机导航运用的是计算机视觉中的方法。其中最主要的就是如何将 2D 的图像坐标信息转换成 3D 的图像坐标信息，其中涉及几个坐标系的转换。在无人机的视觉导航中常用的坐标系为图像坐标系、相机坐标系与世界坐标系。

图像坐标系即为摄像机采集到的图像中的坐标系。其形式为标准电视信号形式，并以 $M×N$ 的数组输入计算机，数组中的每一个值（或三个）即为该像素的亮度（或 RGB 值），而它所对应的 X 和 Y 的值即为该像素的横、纵坐标。所有的像素点构成了图像坐标系，如图 8.2 所示。

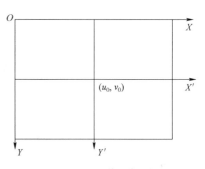

图 8.2　图像坐标系

图 8.2 中的图像坐标系的原点在图像的左上角，单位为像素。此坐标的含义只代表了该像素点在数组中的位置，因此为了方便与相机坐标系的转换，一般会转换坐标系，将坐标原点设在像平面与光轴的交点 (u_0, v_0)（一般为图像中点），即将 XOY 坐标系转换为 $X'O'Y'$ 图像物理坐标系，见图 8.2，并将像素坐标转换为物理长度（如 mm）为单位的图像物理坐标。$X'O'Y'$ 的原点位于 (x_0, y_0)，坐标轴为与原 X 轴、Y 轴平行的 X' 轴和 Y' 轴。如果设 (u,v) 为原图像坐标系 XOY 中某点坐标，(x,y) 为新的坐标系 $X'O'Y'$ 中对应点的坐标，那么它们将有如下的转换关系：

$$\begin{cases} x = \mathrm{d}X(u - u_0) \\ y = \mathrm{d}Y(v - v_0) \end{cases} \tag{8.1}$$

式中，$\mathrm{d}X$、$\mathrm{d}Y$ 为新的图像物理坐标系的物理单位与图像坐标系的像素单位的转换关系。该转换关系可用齐次坐标和矩阵形式转换为

$$\begin{bmatrix} x \\ y \\ 1 \end{bmatrix} = \begin{bmatrix} \mathrm{d}X & 0 & -\mathrm{d}Xu_0 \\ 0 & \mathrm{d}Y & -\mathrm{d}Yv_0 \\ 0 & 0 & 1 \end{bmatrix} \begin{bmatrix} u \\ v \\ 1 \end{bmatrix} \tag{8.2}$$

逆转换为

$$\begin{bmatrix} u \\ v \\ 1 \end{bmatrix} = \begin{bmatrix} \dfrac{1}{\mathrm{d}X} & 0 & u_0 \\ 0 & \dfrac{1}{\mathrm{d}Y} & v_0 \\ 0 & 0 & 1 \end{bmatrix} \begin{bmatrix} x \\ y \\ 1 \end{bmatrix} \tag{8.3}$$

相机坐标系是以相机的光心 O 为原点，Z_C 轴与光轴重合，X_C 轴和 Y_C 轴分别与图像物理坐标系的坐标轴 X' 轴和 Y' 轴重合。光轴与像平面的交点 O_1 点为图像物理坐标系的原点。OO_1 的长度即为相机的焦距。

世界坐标系的原点建立在大地上的某点，X_W 轴和 Y_W 轴所构成的平面 $X_W OY_W$ 为水平面，Z_W 轴竖直向下。世界坐标系和相机坐标系的关系可以通过坐标系的平移和旋转来描述，因此可以构造出二者间的平移向量 $\boldsymbol{T}$ 和旋转矩阵 $\boldsymbol{R}$。设空间中某一点 P 在世界坐标系下的齐次坐标为 $(X_W, Y_W, Z_W, 1)$，其在相机坐标系下的坐标为 $(X_C, Y_C, Z_C, 1)$，二者的转换关系可以表示为

$$
\begin{bmatrix} X_C \\ Y_C \\ Z_C \\ 1 \end{bmatrix} = \begin{bmatrix} \boldsymbol{R} & \boldsymbol{T} \\ \boldsymbol{0} & 1 \end{bmatrix} \begin{bmatrix} X_W \\ Y_W \\ Z_W \\ 1 \end{bmatrix} = \boldsymbol{M} \begin{bmatrix} X_W \\ Y_W \\ Z_W \\ 1 \end{bmatrix} \tag{8.4}
$$

式中，$\boldsymbol{R}$ 为 3×3 的旋转矩阵；$\boldsymbol{T}$ 为 3×1 的平移向量，即在相机坐标系下世界坐标系的原点坐标；$\boldsymbol{M}$ 为 4×4 的转换矩阵。这个矩阵，也正是位置姿态估计所需要求的。如图 8.3 所示。

这里默认无人机坐标系 $oxyz$ 的原点 o 与相机坐标系的原点是重合的。首先用三个欧拉角来描述无人机相对于世界坐标系的姿态，即俯仰角 θ、偏航角 ψ、滚转角 ϕ（图 8.4）。其中，俯仰角为无人机机体轴 oy 与世界坐标系 $X_W OY_W$ 平面的夹角，偏航角为无人机机体轴 oy 与 $Y_W OZ_W$ 平面的夹角，滚转角为无人机机体轴 oz 与过无人机 oz 轴的竖直平面的夹角。

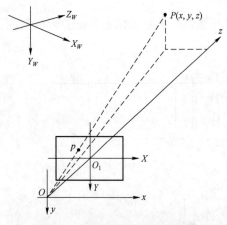

图 8.3　相机坐标系与世界坐标系

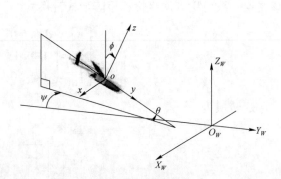

图 8.4　三个欧拉角

除此之外，无人机上所载的云台相机视轴也相对无人机主轴有着旋转变化。也就是说，相机坐标系的旋转矩阵 $\boldsymbol{R}$ 可以如下表示。

$$\boldsymbol{R} = \boldsymbol{R}_U \boldsymbol{R}_C \tag{8.5}$$

式中，$\boldsymbol{R}_U$ 为无人机坐标系相对于世界坐标系的旋转矩阵；$\boldsymbol{R}_C$ 为相机坐标系相对于无人机坐标系的旋转矩阵。相机坐标系相对于无人机坐标系的欧拉角为俯仰角 θ_C 和偏航角 ψ_C。

因此，世界坐标系和相机坐标系之间的转换关系可以表示为

$$\boldsymbol{R} = \begin{bmatrix} \cos\psi\cos\theta & \cos\psi\sin\theta\sin\phi - \sin\psi\cos\phi & \cos\psi\sin\theta\cos\phi + \sin\psi\sin\phi \\ \sin\psi\cos\theta & \sin\psi\sin\theta\sin\phi + \cos\psi\cos\phi & \sin\psi\sin\theta\cos\phi - \cos\psi\sin\phi \\ -\sin\theta & \cos\theta\sin\phi & \cos\theta\cos\phi \end{bmatrix} \tag{8.6}$$

$$\boldsymbol{R}_C = \begin{bmatrix} \cos\theta_C\cos\psi_C & -\sin\psi_C & \sin\theta_C\cos\psi_C \\ \sin\psi_C & \cos\psi_C & \sin\theta_C\sin\psi_C \\ -\sin\theta_C & 0 & \cos\theta_C \end{bmatrix} \tag{8.7}$$

$$\begin{bmatrix} X_C \\ Y_C \\ Z_C \\ 1 \end{bmatrix} = \boldsymbol{M} \begin{bmatrix} X_W \\ Y_W \\ Z_W \\ 1 \end{bmatrix} = \begin{bmatrix} \boldsymbol{R} & \boldsymbol{T} \\ \boldsymbol{0} & 1 \end{bmatrix} \begin{bmatrix} X_W \\ Y_W \\ Z_W \\ 1 \end{bmatrix} \tag{8.8}$$

而相机坐标系和图像坐标系之间还有一个转换关系，这是一个将三维齐次坐标变换为二维齐次坐标的变换。如图 8.5 所示。

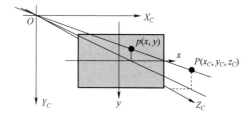

图 8.5　相机坐标系与图像坐标系

这里 $P(x_C, y_C, z_C)$ 是实际存在的某个点，$p(x, y)$ 是 P 点所对应的像素点。理想情况下，像平面是垂直于光轴的平面，因此点 p 在相机坐标系中的坐标为 (x, y, f)。如果不考虑相机畸变，P 点与 p 点会在一条过相机坐标系原点的直线上，会有如下的比例关系成立：

$$\begin{cases} \dfrac{x}{f} = \dfrac{x_C}{z_C} \\ \dfrac{y}{f} = \dfrac{y_C}{z_C} \end{cases} \tag{8.9}$$

从而

$$\begin{cases} fx_C = xz_C \\ fy_C = yz_C \end{cases} \tag{8.10}$$

可以用矩阵形式表示为

$$z_C \begin{bmatrix} x \\ y \\ 1 \end{bmatrix} = \begin{bmatrix} f & 0 & 0 & 0 \\ 0 & f & 0 & 0 \\ 0 & 0 & 1 & 0 \end{bmatrix} \begin{bmatrix} x_C \\ y_C \\ z_C \\ 1 \end{bmatrix} \tag{8.11}$$

结合式（8.3）、式（8.8），式（8.11）可化为

$$z_C \begin{bmatrix} u \\ v \\ 1 \end{bmatrix} = \begin{bmatrix} \dfrac{1}{\mathrm{d}x} & 0 & u_0 \\ 0 & \dfrac{1}{\mathrm{d}y} & v_0 \\ 0 & 0 & 1 \end{bmatrix} \begin{bmatrix} f & 0 & 0 & 0 \\ 0 & f & 0 & 0 \\ 0 & 0 & 1 & 0 \end{bmatrix} \begin{bmatrix} \boldsymbol{R}_U \boldsymbol{R}_C & \boldsymbol{T} \\ \boldsymbol{0}^t & \boldsymbol{1} \end{bmatrix} \begin{bmatrix} X_W \\ Y_W \\ Z_W \\ 1 \end{bmatrix} = \boldsymbol{L} \begin{bmatrix} X_W \\ Y_W \\ Z_W \\ 1 \end{bmatrix} \tag{8.12}$$

8.3.2　Tsai 的 RAC 两步标定法

Roger Y. Tsai 在 1987 年提出了一种基于径向约束的两步标定法，它的具体解法如下所示。

由世界坐标系到相机坐标系的方程可以写为

$$\begin{aligned} x &= r_1 x_W + r_2 y_W + r_3 z_W + T_x \\ y &= r_4 x_W + r_5 y_W + r_6 z_W + T_y \\ z &= r_7 x_W + r_8 y_W + r_9 z_W + T_z \end{aligned} \tag{8.13}$$

由于镜头的径向畸变，像点的坐标会有一定的径向偏离，可以假定，偏移前的像点的像素物理坐标为 (x_0, y_0)，偏移后的像坐标为 $(x_0 + \Delta x, y_0 + \Delta y)$，那么，它们将不再符合投影关系，但是即便如此，它们还是会符合如下的比例关系：

$$\frac{x}{y} = \frac{x_0}{y_0} = \frac{x_0 + \Delta x}{y_0 + \Delta x} \tag{8.14}$$

此为 RAC（径向准直约束），将式（8.13）代入可得

$$\frac{x}{y} = \frac{x_0 + \Delta x}{y_0 + \Delta x} = \frac{r_1 x_W + r_2 y_W + r_3 z_W + T_x}{r_4 x_W + r_5 y_W + r_6 z_W + T_y} \tag{8.15}$$

整理可得

$$(r_1 x_W + r_2 y_W + r_3 z_W + T_x)(v + \Delta v) = (r_4 x_W + r_5 y_W + r_6 z_W + T_y)(u + \Delta u) \quad (8.16)$$

令 $X_d = x_0 + \Delta x$，$Y_d = y_0 + \Delta y$，可以将式（8.16）展开整理为

$$X_d = \frac{r_1}{T_y} x_W Y_d + \frac{r_2}{T_y} y_W Y_d + \frac{r_3}{T_y} z_W Y_d + \frac{T_x}{T_y} Y_d - \frac{r_4}{T_Y} x_W X_d - \frac{r_5}{T_y} x_W X_d - \frac{r_6}{T_y} z_W X_d$$

$$(8.17)$$

化为矢量式为

$$X_d = [x_W Y_d \quad y_W Y_d \quad z_W Y_d \quad Y_d \quad -x_W X_d \quad -y_W X_d \quad -z_W X_d] \begin{bmatrix} r_1 / T_y \\ r_2 / T_y \\ r_3 / T_y \\ r_x / T_y \\ r_4 / T_y \\ r_5 / T_y \\ r_6 / T_y \end{bmatrix} \quad (8.18)$$

其中，$[x_W Y_d \quad y_W Y_d \quad z_W Y_d \quad Y_d \quad -x_W X_d \quad -y_W X_d \quad -z_W X_d]$ 是已知的，而矢量 $[r_1/T_y \quad r_2/T_y$ $r_3/T_y \quad T_x/T_y \quad r_4/T_y \quad r_5/T_y \quad r_6/T_y]^T$ 是未知矢量，也就是待求的参数。根据式（8.3），可以将图像物理坐标 (X_d, Y_d) 转换为图像像素坐标 (u_d, v_d)：

$$u_d = s_x d_x^{-1} X_d + u_0$$
$$v_d = d_x^{-1} Y_d + v_0 \quad (8.19)$$

式中，s_x 为横纵比。设有 n 个共面点 (x_{Wi}, y_{Wi}, z_{Wi})，它们对应的图像像素坐标为 (u_{di}, v_{di})，$i = 1, 2, 3, \cdots, n$，令所有的 $z_{Wi} = 0$，之后标定过程如下。

（1）解旋转矩阵 $\boldsymbol{R}$，平移向量的 t_x，t_y 分量。

通过式（8.19）对 (u_{di}, v_{di}) 求解其所对应的 (X_{di}, Y_{di})。

令 $a_1 = s_x r_1 / T_y$，$a_2 = s_x r_2 / T_y$，$a_3 = s_x r_3 / T_y$，$a_4 = s_x T_x / T_y$，$a_5 = r_4 / T_y$，$a_6 = r_5 / T_y$，$a_7 = r_6 / T_y$。

由于

$$(a_5^2 + a_6^2 + a_7^2)^{-1/2} = [(T_y^{-1} r_4)^2 + (T_y^{-1} r_5)^2 + (T_y^{-1} r_6)^2]^{-1/2} = |T_y| \cdot (r_4^2 + r_5^2 + r_6^2)^{-1/2} \quad (8.20)$$

根据正交性，即 $(r_4^2 + r_5^2 + r_6^2)^{-1/2} = 1$，则有

$$|T_y| = (a_5^2 + a_6^2 + a_7^2)^{-1/2} \quad (8.21)$$

之后从标定点中选一个点，并假定 $T_y > 0$，进行如下计算：

$$r_1 = (T_y^{-1} s_x r_1) T_y / s_x$$

$$r_3 = (T_y^{-1} s_x r_3) T_y / s_x$$

$$r_4 = (T_y^{-1} r_4) T_y$$

$$r_5 = (T_y^{-1} r_5) T_y$$

$$r_6 = (T_y^{-1} r_6) T_y \qquad (8.22)$$

$$r_2 = (T_y^{-1} s_x r_2) T_y / s_x$$

$$T_x = (T_y^{-1} s_x T_x) T_y / s_x$$

$$x = r_1 x_w + r_2 y_w + r_3 z_w + T_x$$

若 X_d 与 x 同号，Y_d 与 y 同号，则 T_y 符号为正，否则为负。根据旋转矩阵 $\boldsymbol{R}$ 的正交性，计算 r_7、r_8、r_9 如下：

$$\begin{bmatrix} r_7 \\ r_8 \\ r_9 \end{bmatrix} = \begin{bmatrix} r_1 \\ r_2 \\ r_3 \end{bmatrix} \times \begin{bmatrix} r_4 \\ r_5 \\ r_6 \end{bmatrix} \qquad (8.23)$$

（2）求解 T_z、f 和畸变系数 k。

根据不考虑畸变情况的相似关系，有

$$\frac{Y_{di}}{f} = \frac{y_i}{z_i} \qquad (8.24)$$

令 $k = 0$，根据式（8.13）和式（8.15）可得

$$[y_i - dy(v_{di} - v_0)] \begin{bmatrix} f \\ T_z \end{bmatrix} = w_i dy(v_{di} - v_0) \qquad (8.25)$$

其中，$y_i = r_4 x_{wi} + r_5 y_{wi} + r_6 z_{wi} + T_y$，$w_i = r_7 x_{wi} + r_8 y_{wi} + r_9 z_{wi}$，求解式（8.25）的超定方程组，可得 f 和 T_z 的初始值。

令初始值 $k = 0$，(u_0, v_0) 的初始值为屏幕中点，通过对下列方程的求解以及优化搜索可得到 f、k、T_z、(u_0, v_0) 的精确解：

$$\begin{cases} X_{di}(1 + k^2) = f(r_1 x_{wi} + r_2 y_{wi} + r_3 z_{wi} + T_x) / (r_7 x_{wi} + r_8 y_{wi} + r_9 z_{wi} + T_z) \\ Y_{di}(1 + k^2) = f(r_4 x_{wi} + r_5 y_{wi} + r_6 z_{wi} + T_y) / (r_7 x_{wi} + r_8 y_{wi} + r_9 z_{wi} + T_z) \end{cases} \qquad (8.26)$$

之后根据第一步中解得的 $\boldsymbol{R}$ 以及云台相机的姿态角进一步解算出无人机的三个欧拉角。

8.4　位置姿态估计的实现过程

以上为无人机位置姿态标定的具体原理，这里介绍无人机位置姿态估计的具体过程。

对无人机进行位置姿态估计，首先需要用一定的方法识别出需要锁定的标志物。过程为将灰度化、二值化的图像分割，然后进行边缘识别、特征点的读取，最后进行无人机的位置姿态估计。无人机的基于视觉的位置姿态估计方法流程如图 8.6 所示。

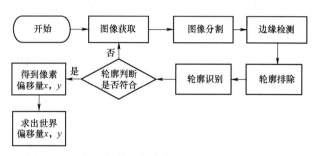

图 8.6　无人机的基于视觉的位置姿态估计方法流程

8.4.1　图像的预处理

图像的预处理主要包括图像分割、边缘检测和轮廓排除，是图像识别的先期准备。

1. 图像分割

图像分割即把一个图像分为若干个特定的、具有独特性质的区域，然后在其中提取感兴趣的目标的技术和过程。这些区域互不相交，每个区域都满足其自身的独特性质。图像分割是过渡图像处理与图像分析的重要步骤。现有的图像分割方法有以下几类：基于阈值的分割方法、基于区域的分割方法、基于边缘的分割方法以及基于特定理论的分割方法等。1998 年以来，图像分割的技术一直在不断地改进，也不断地有新技术融入完善。

阈值法是图像分割中比较常用的一种方法。它一般先将图像灰度化，然后用一个阈值将图像的灰度值分为几部分，属于一个部分的像素为一个区域。这种图像分割方法的最大优点在于计算量小。在重视运算效率的场合，阈值法因其计算量小的优点而有着广泛的应用。因为本章中的标志物和背景会产生很大的灰度差，所以这里选择阈值法作为图像分割的方法。

阈值法分全局阈值法以及局部阈值法两种方法，其中全局阈值法即为利用全局信息量（如整幅图像的灰度直方图）对整幅图像进行求解得出最优分割阈值的方法，得到的阈值可以是单一的阈值，也可以为多种阈值；局部阈值法会将整幅图像分为复数的小的子图像，然后针对每个小的子图像分别运用全局阈值法求出子图像各自的最优分割阈值。在这之中全局阈值法又可以分为两类，基于点的阈值法以及基于区域的阈值法。阈值分割法得到的结果很大程度上取决于对阈值的选择，选择不同的阈值将会产生不同的分割区域，对之后的边缘检测也会有影响，因此该方法的关键在于如何选择合适的阈值。

而本章的标志物因为是黑白的图案，因此很容易被区分成两个区域，所以这里以 127 为阈值。

这里介绍一种下面会用到的自适应阈值分割方法——大津法，它于 1979 年由 Otsu 提出，是一种建立在一幅图像的灰度直方图上的，即图像灰度级分布特征上的方法。该方法的概述如下。

假设用一个二维矩阵将一幅灰度图像描述为 $\boldsymbol{F}_{P \times Q} = [f(x,y)]_{P \times Q}$，其中 $P \times Q$ 为图像的大小，$f(x,y)$ 为坐标 (x,y) 下的灰度值，且 $f(x,y) \in [0,1,\cdots L-1]$，$L$ 为图像灰度总等级，在图像中灰度等级 i 出现的次数为 n_i，则灰度等级 i 出现的概率为

$$P_i = \frac{n_i}{P \times Q} \tag{8.27}$$

且

$$P_i \geqslant 0 \tag{8.28}$$

$$\sum_{i=1}^{L-1} P_i = 1 \tag{8.29}$$

若以灰度等级 t 把全部像素分为两类：S_1（背景类）包含所有 $i \leqslant t$ 的像素，S_2（前景类）包含所有 $i > t$ 的像素。这两类像素出现的总概率为

$$P_1 = \sum_{i=1}^{t} P_i \tag{8.30}$$

$$P_2 = \sum_{i=t+1}^{L-1} P_i \tag{8.31}$$

二者满足 $P_1 + P_2 = 1$。

这两类的类内中心分别为

$$\omega_1 = \sum_{i=1}^{t} i p_i / P_1 \tag{8.32}$$

$$\omega_2 = \sum_{i=t+1}^{L-1} i p_i / P_2 \tag{8.33}$$

且有

$$\omega_0 = P_1 \omega_1 + P_2 \omega_2 = \sum_{i=1}^{L-1} i p_i \tag{8.34}$$

由此可以给出这两类的类间方差为

$$\sigma^2 = P_1(\omega_1 - \omega_0)^2 + P_2(\omega_2 - \omega_0)^2 = P_1 P_2 (\omega_2 - \omega_1)^2 \tag{8.35}$$

显然，P_1、P_2、ω_1、ω_2、σ^2 都是阈值 t 的函数。

为得到最佳分割效果，必须确保最好的分类效果，才能选出最优的图像分割阈值，σ^2 即分割出两类的类间方差，可以看作阈值识别函数，即认为最优阈值 t^* 应该使 σ^2 最大，即

$$\sigma^2(t^*) = \max \sigma^2(t) \qquad (8.36)$$

2. 边缘检测和轮廓排除

对图像进行边缘检测，可以获得图像中物体的轮廓信息。然后可以用来提取物体的边缘。边缘检测是计算机视觉中的一个基本问题。而现有的算法存在的问题，主要是在有噪声的干扰的条件下，进一步提高边缘检测的精度，而且要求计算过程简单，假边缘出现概率要小。

计算机视觉中有很多经典边缘提取的方法，主要有 Roberts 算子、Sobel 算子、Prewitt 算子、Canny 算子等。而本章中使用的是 OpenCV 函数库中较为普通的边缘检测方法 cvFindContours，从前一步提取出的二值化图像的边缘，输出一个多边形的集合，然后将尺寸过小的多边形去掉，对多边形进行过滤，提取出尺寸足够大的多边形。之后平滑化边缘，并将凸四边形以外的轮廓线和过长或过短的轮廓线进一步去除，以进一步获得可疑的图形，然后用 cv∷getPerspectiveTransform 函数将筛选后的图形经过透视变换化为矩形，之后输出变换为矩形后的图形的灰度图，并进行阈值为可疑图像灰度均值的二值化，这里的阈值法为大津法。对每一个可疑的图形进行筛选，从而得到所需的标志物图像并返回标志物四个角点的坐标。

8.4.2　基于标志物的无人机位置姿态估计

用 8.4.1 小节中得到的四个角点坐标，即可进行 PNP（N 点透视）问题解算。

世界坐标系和相机坐标系之间的关系如下：

$$\begin{bmatrix} x_c \\ y_c \\ z_c \end{bmatrix} = \mathbf{R} \begin{bmatrix} x_w \\ y_w \\ z_w \end{bmatrix} + \mathbf{T} \qquad (8.37)$$

式中，$\mathbf{R} = \mathbf{R}_U \mathbf{R}_C$ 为相机坐标系相对于世界坐标系的旋转矩阵，$\mathbf{R}_U$ 为无人机坐标系相对于世界坐标系的旋转矩阵，它由无人机的三个欧拉角的方向余弦经过计算得出，$\mathbf{R}_C$ 为相机坐标系相对于无人机坐标系的旋转矩阵，它由云台的两个欧拉角（俯仰角、偏航角）的方向余弦经过计算得出。前面已经给出这两个旋转矩阵的具体表示形式。

$\mathbf{T} = [\begin{matrix} t_x & t_y & t_z \end{matrix}]^{\mathrm{T}}$ 为无人机的位移矢量，t_x、t_y、t_z 为位移在相机坐标系三个坐标轴方向的分量，即世界坐标系原点在相机坐标系下的坐标。

这里用之前所述的 Tsai 法对得出的角点进行解算，将得出旋转矩阵 $\mathbf{R}$ 以及位移矢量 $\mathbf{T}$。

因为云台相机的姿态角 R_C 是可以测得的，由此可求出无人机的旋转矩阵 R_U，从而解算出无人机的三个欧拉角。

8.5　无人机视觉识别的误差仿真分析

本节将对之前提到的无人机位置姿态估计方法进行误差仿真分析，使用的软件为 Matlab。误差仿真标准值与误差如表 8.1 所示。

表 8.1　误差仿真标准值与误差

参数名称	设定值	误差范围
俯仰角 θ /（°）	0	0.2
偏航角 ψ /（°）	0	0.2
滚转角 ϕ /（°）	0	0.2
云台偏航角 ψ_C /（°）	0	0.2
云台俯仰角 θ_C /（°）	45	0.2
相机焦距 f /m	0.02	0.000 2
世界坐标系下无人机坐标/m	（−6，0，4）	0.1

设目标的标志物中点位于世界坐标系的原点，标志物边长为 1 m，因此标志物四个顶点在世界坐标系下的坐标即为 A（0.5，0.5，0），B（0.5，−0.5，0），C（−0.5，−0.5，0），D（−0.5，0.5，0）。

由 Matlab 对云台相机成像过程进行仿真，从而得到标志物的图像在图像坐标系中的坐标位置。之后再对用上述提到的标定法得到的仿真图像坐标以蒙特卡洛法用 Matlab 进行标定的误差分析，步骤如下。

（1）启动误差仿真应用程序并初始化。

（2）按参数 0 误差，输入各个参数的标准值，求得目标没有误差时的定位结果并保存。

（3）运用 Matlab 中生成随机数的 randn（）函数，生成各个量的伪随机矩阵，要求误差值矩阵的长度为 1 000 且误差值服从正态分布。

（4）在伪随机序列中抽取随机误差量，并且根据蒙特卡洛法，通过计算而得出加入误差量后的定位结果。

（5）进行 1 000 次循环仿真，对得出的目标位置的结果进行统计并输出结果。

对加入误差量的定位算法，用 Matlab 进行 1 000 次的循环仿真，得到带有误差量的 1 000

个定位结果的误差分布。得到的结果如图 8.7 和图 8.8 所示。

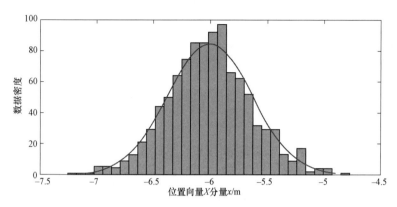

图 8.7　位置向量 X 分量分布图

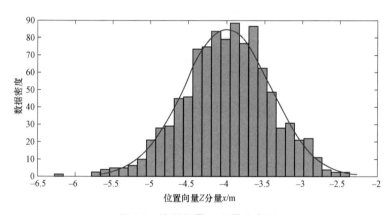

图 8.8　位置向量 Z 分量分布图

从结果中可以看出，应用以上基于视觉的无人机位置估计算法得到的位置值的误差值在 0.5 m 左右。

8.6　本章小结

本章对车载无人机的自主着陆进行研究工作，设计一套基于视觉的车载四旋翼无人机自主着陆方案，并设计仿真系统进行误差分析。首先根据 Tsai 设计提出的基于径向约束的两步标定法设计无人机基于视觉的位置姿态估计方法。之后根据蒙特卡洛法进行误差分析得出设计的视觉位置估计方法在离地 4 m 时的位置误差范围在 ±0.5 m 左右。然后根据导弹导引律中的平行接近法进行车载四旋翼无人机自主着陆方案设计。车载四旋翼无人机自主着陆方案首先利用无人机机载云台相机拍摄到目标车辆上的标志物进行基于视觉的位姿解算，然后运用解算到的参数进行基于平行接近法的无人机追踪着陆过程。在追踪着陆过程进行到距车辆的相对高度在 0.5m 之内时，进入精确着陆过程，将无人机运动到车顶上方放置的标志物上方，然后进行缓慢降落从而着陆到车顶的辅助装置上。

习题 8

8.1 请简述 Tsai 的 RAC 两步标定法的步骤，并说明其与直接线性标定法的不同。

8.2 请简述位置姿态估计的实现流程。

8.3 使用一个 28 mm 焦距的镜头拍摄 10 m 外、高 3 m 的物体，该物体的成像尺寸为多少？如果换一个焦距为 150 mm 的镜头，成像尺寸又为多少？

8.4 给出空间点（−2，−4，5）经焦距为 0.05 的镜头投影成像后的摄像机坐标和图像平面坐标。

8.5 证明拉普拉斯算子为旋转不变算子。

8.6 已知四对对应点 $x_i = (u_i, v_i, 1)^T$ 和 $X_i = (X_i, Y_i, 1)^T$ $(i = 1, \cdots, 4)$ 分别为图像平面上特征点的齐次坐标以及对应于图像特征点的空间平面上点的齐次坐标，s 为未知非零尺度因子。试根据这四对对应点 $X_i \leftrightarrow x_i$ 推导出单应矩阵 $\boldsymbol{H}$ 的计算公式。

8.7 试推导出张正友平面标定法的计算公式。

第9章
车载无人机自主着陆的控制方案

9.1 引言

将车辆和多旋翼飞行器相结合的车载无人机在军民两用领域都具有广阔的应用前景。例如，无人机可为作战车辆提供侦察信息，及早发现敌情，指示目标。又如，雷诺公司在新德里汽车展上发布的 KWID 概念车，搭配有车载无人机——采用四旋翼布局，平时自动收在车顶，需要的时候，按下按钮就能升空作业，可将汽车周边的路况实时地回传到车内显示屏上。只是量产版本没有搭配无人机，这与车厂对汽车和无人机的技术整合还未成熟有关。为方便车载无人机的使用，需要实现多旋翼无人机在车顶平台上的自主精确着陆，本章将针对这一关键问题，开展车载无人机自主精确着陆技术研究。

9.2 四旋翼无人机的数学模型的建立

四旋翼无人机为无人机的一种，采用 4 个电机带动旋翼作为提供升力以及推进力的动力源。四旋翼的架构一般由以下机构组成：机架、旋翼、电机、电子变速器、飞控板和固定平台。其中驱动电机位于每个机架的顶部，上面配备有正反方向的旋翼，底部都装载有电子变速器。机架中部的固定平台的作用是装备飞行控制的电路板以及供电电源等，同时也可装载各种如云台、摄像头、无线通信装置等实现各种功能的载荷。四旋翼无人机按照旋翼的布局可分为十字型布局和 X 型布局。十字型四旋翼无人机的 4 个电机分别位于机身的前后左右四个方向，而 X 型无人机的 4 个电机位于其左前、右前、左后、右后四个方向。四旋翼无人机用于调节位置姿态的自由度为六。它是一个通过旋翼的转动速度来对系统进行输入调控的欠驱动系统。它的自变量为复数，且系统呈非线性，并具有强耦合性。而且四旋翼无人机对于外界的抗干扰能力较差。这些特点令飞行控制系统变得复杂，对于其开发工作是不利的。飞控系统的性能也会因所构建的无人机模型的准确程度以及所使用的传感器的精度的不同而有差异。四旋翼无人机机架部分的结构为相互对称的交叉结构，此结构是刚性垂直的，这种结构使无人机的 4 个旋翼之间产生彼此消除的力矩，因此不需要应用传动性能十分复杂的反扭矩旋翼。四旋翼无人机的这种结构通过控制电机调节 4 个旋翼的转速从而对方向进行控制，这和其他飞行控制方式有着本质的不同，而且旋翼大大增强了本身的升力，令其能够承载更大载荷。旋翼的转动都是对角侧同向，相邻侧反向。四旋翼无人机的飞行通过 4 个旋翼的转动产生升力，通过改变对侧电机的转速改变其所造成的升力差从而改变无人机姿态，并通过改变姿态产生推力，最终实现对无人机位置和速度的调节控制。通过调整四旋翼无人机的 4 个电机的转速，增减 4 个旋翼各自造成的升力，可以使四旋翼无人机实现以下四种运动模式。

（1）升降运动：通过统一增加或减少 4 个电机的旋转速度，使 4 个旋翼产生统一的升力来完成在不产生转矩的情况下令无人机在垂直方向上的上升和下降。

（2）俯仰运动：通过提高（或降低）前侧旋翼的一定量转速，同时降低（或提高）后旋翼同量的转速，在无人机垂直的方向合力不改变的情况下，对无人机产生一个俯仰方向的扭矩，令其做俯仰运动。

（3）滚转运动：在俯仰运动完成的同时，改变左右两侧旋翼的转速，提高（或降低）左边造成的升力同时降低（或提高）右边造成的升力，从而对无人机产生一个滚转方向的力矩，令其做滚转运动。如图 9.1 所示。

（4）偏航运动：通过改变无人机总的水平方向的扭矩的量来实现。当飞行器的顺时针扭矩比逆时针扭矩大的时候，无人机向右做偏航运动；当飞行器的逆时针扭矩比顺时针扭矩大时，无人机向左做偏航运动。在无人机做偏航运动时，需要保证四旋翼所造成的垂直方向上的总升力不变。如图 9.2 所示。

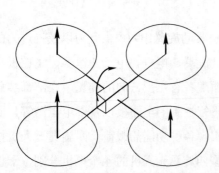 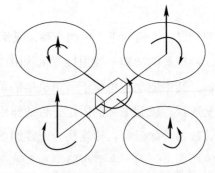

图 9.1　四旋翼无人机俯仰、滚转运动示意图　　图 9.2　四旋翼无人机偏航运动示意图

四旋翼无人机在近些年逐步受到了广泛的关注，其优秀的性能也使无人机闻名于航拍领域。而四旋翼无人机的飞行特征适合利用自动着陆，因此本章的研究对象是四旋翼无人机。

而本章所使用的无人机系统的基本构成已在第 1 章有所讲述，无人机机架采用的是 X 型四旋翼无人机，具体型号为大疆的 M100。X 型四旋翼无人机的飞行运动方程如下：

$$\begin{bmatrix} \dot{x} \\ \dot{y} \\ \dot{z} \end{bmatrix} = \boldsymbol{R} \cdot \begin{bmatrix} u \\ v \\ w \end{bmatrix} \tag{9.1}$$

$$\begin{bmatrix} \dot{u} \\ \dot{v} \\ \dot{w} \end{bmatrix} = \begin{bmatrix} F_x \\ F_y \\ F_z \end{bmatrix} / m + g \begin{bmatrix} -\sin\theta \\ \sin\phi\cos\theta \\ \cos\phi\cos\theta \end{bmatrix} - \begin{bmatrix} qw - rv \\ ru - pw \\ pv - qu \end{bmatrix} \tag{9.2}$$

$$\begin{bmatrix} \dot{\varphi} \\ \dot{\theta} \\ \dot{\psi} \end{bmatrix} = \begin{bmatrix} 1 & \sin\phi\tan\theta & \cos\phi\tan\theta \\ 0 & \cos\phi & -\sin\phi \\ 0 & \sin\phi\sec\theta & \cos\phi\sec\theta \end{bmatrix} \cdot \begin{bmatrix} p \\ q \\ r \end{bmatrix} \tag{9.3}$$

$$\begin{bmatrix} \dot{p} \\ \dot{q} \\ \dot{r} \end{bmatrix} = \begin{bmatrix} I_x & 0 & 0 \\ 0 & I_y & 0 \\ 0 & 0 & I_z \end{bmatrix}^{-1} \cdot \begin{bmatrix} Q_x + (I_y - I_z)qr \\ Q_y + (I_z - I_x)rp \\ Q_z + (I_x - I_y)pq \end{bmatrix} \tag{9.4}$$

式中，u、v、w 为无人机在机体坐标系下三个坐标轴方向的线速度；φ、θ 和 ψ 为机体的欧拉角；p、q、r 为机体坐标轴下的姿态角速率；x、y、z 为世界坐标系下的坐标；m 为飞行器质量；g 为重力加速度；F_x、F_y、F_z 为无人机所受的空气动力在机体坐标系坐标轴下的分量；Q_x、Q_y、Q_z 为合外力矩在机体坐标系坐标轴下的分量；I_x、I_y、I_z 为沿轴方向的转动惯量；$\boldsymbol{R}$ 为世界坐标系到机体坐标系的旋转矩阵。

而四旋翼飞行器的运动方程可以表示如下：

$$F_x = -\rho / 2 \cdot S_{fx} \cdot u \cdot |u| \tag{9.5}$$

$$F_y = -\rho / 2 \cdot S_{fy} \cdot v \cdot |v| \tag{9.6}$$

$$F_z = -k\_T \cdot \sum_{i=1}^{i} \Omega_i^2 - \rho / 2 \cdot S_{fz} \cdot w \cdot |w| \tag{9.7}$$

$$Q_x = J_\gamma(-\Omega_1 + \Omega_2 - \Omega_3 + \Omega_4)q + \tau_\phi \tag{9.8}$$

$$Q_y = J_\gamma(-\Omega_1 + \Omega_2 - \Omega_3 + \Omega_4)p + \tau_\theta \tag{9.9}$$

$$Q_z = \tau_\psi \tag{9.10}$$

$$\tau_\phi = \frac{\sqrt{2}}{2}lk\_T(-\Omega_1^2 + \Omega_2^2 + \Omega_3^2 - \Omega_4^2) \tag{9.11}$$

$$\tau_\theta = \frac{\sqrt{2}}{2}lk\_T(\Omega_1^2 + \Omega_2^2 - \Omega_3^2 - \Omega_4^2) \tag{9.12}$$

$$\tau_\psi = k\_M(\Omega_1^2 - \Omega_2^2 + \Omega_3^2 - \Omega_4^2) \tag{9.13}$$

式中，τ_ϕ、τ_θ、τ_ψ 为滚转、俯仰、偏航方向上的机身力矩；k_T 为电机的拉力系数；k_M 为反扭矩系数；J_γ 为旋翼对电机轴的转动惯量；ρ 为空气的密度；S_{fx}、S_{fy}、S_{fz} 为四旋翼飞行器在三个坐标轴方向上的机身面积；Ω_i 为旋翼转速；l 为电机到四旋翼飞行器的重心的距离。

四旋翼无人机的一些参数如表 9.1 所示。

表 9.1　四旋翼无人机的一些参数

参数	数值	单位
重力加速度	9.8	m/s^2
质量	2.9	kg
最大上升速度	5	m/s
最大下降速度	4	m/s
最大航行速度	17	m/s
最大俯仰角度	35	°
最大俯仰角速度	300	°/s
最大航向角速度	150	°/s
云台相机视角	94	°
焦距	0.02	m
云台最大俯仰角	−90～30	°
云台最大俯仰角速度	120	°/s
云台最大方向角	360	°
云台最大方向角速度	180	°/s

9.3　四旋翼无人机的追踪着陆过程

9.3.1　无人机的匀速追踪着陆过程

导引方法是制导系统控制导弹所遵循的规律，又称制导规律，它根据导弹和目标之间的相对运动信息（如视线角速度、相对速度等）形成制导指令，使导弹按一定的飞行轨迹攻击目标。20 世纪 40 年代，美国就开始研究导弹的平面拦截。至 50 年代，已经研究出形式简单、易于应用的经典导引律，如比例导引法、追踪法、平行接近法等。随着目标机动能力的提高，传统导引律拦截来袭目标的精度逐渐下降，同时作战对脱靶量、能量消耗、过载等指标要求不断提高。伴随着现代控制理论和智能控制技术的发展，70 年代以来，基于线性化模型的现代制导律逐渐诞生，这些导引律不仅能对付经典比例导引律很难精确应对的大型机动目标，而且拦截过程中能保证一些其他优良特性，如抗干扰、具有末端攻击角度约束、过载最小等。平行接近法是在导弹制导中运用的一种经典制导方法，是指在导弹接近目标的过程中，目标视线在空间始终保持平行，这种方法对导弹的机动性的要求较小，但是需要导弹目标及导弹的速度和前置角，并严格保持平行接近法的导引关系，这对导引系统提出了很高的要求，难度较大。平行接近法需要系统在制导的每一个瞬间，必须精确地测出弹体的速度、所需要的前置角以及目标的移动速度，而且要严格以平行接近法的导引准则来保持。采用平行接近法作为制导方法的导弹的飞行弹道相对平直，法向机动加速度也小于目标法向机动加速度，但是传统的平行接近法需要精确地测量目标任意时刻的速度的大小以及方向，因此准确测量所需要的信息成本和代价很高，这也是平行接近法在应用方面受到限制的原因，因此平行接近法并未得到广泛使用。但是这种导引方法已在基于视觉的追踪方面有所运用，因此在实现车载无人机精确着陆方面有一定的价值。

车载无人机的自主着陆，首先要实现无人机对于车辆的跟随。若车辆不在无人机机载云台相机的可视范围内，则需要通过 DGPS 提供的无人机以及车辆的信息来寻找车辆。这时候因为无人机距离车辆较远，因此可采用追踪法进行寻找，即无人机的速度向量水平方向的速度分量永远沿车辆到无人机的视线方向指向车辆。使用追踪法进行无人机对于车辆的寻找虽然相对比较费时间，但是可以在无人机捕捉到目标时，使无人机的速度方向和汽车的速度向量方向夹角较小。在无人机云台相机捕捉到目标之后，利用相机中目标的位置变化，可以计算得到车辆相对于无人机的速度矢量。当目标车辆与无人机的视线方向角达到一定数值之后，运用比例导引法进行无人机自主着陆。在无人机降落到一定高度时，控制无人机停止下落，进入精确着陆阶段。

所谓比例导引法，就是运用在导弹制导上的一种方法，其定义为：在导弹飞向目标的过程中，导弹速度向量的转动角速度与导弹指向目标的视线的转动角速度成比例。当无人机和车辆间的视线角随时间不变的情况下，这种方法又叫作平行接近法，此时无人机的运动可视为匀速运动，这种情况在无人机的高度足够高的时候是最理想的。

假设车辆在地面上匀速运动，并假设车辆在平地上行驶，则无人机在跟随车辆之后的着陆过程可以看作一个二维平面上的基于平行接近法的运动。如图 9.3 所示。

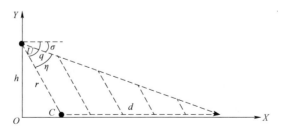

图 9.3　车辆匀速运动过程中的追踪着陆过程

其中，X 轴指向车辆运动方向，Y 轴竖直向上，点 C 为车辆的位置，点 U 为无人机的位置，r 为车辆到无人机的距离，h 为无人机到标志物的铅垂距离。因为标志物位于车顶上，车顶具有一定的高度，因此 $h = h_U - h_C$ ，其中，h_U 为无人机的绝对高度，h_C 为车辆的高度。d 为直到着陆为止车辆所行驶的距离，q 为目标线与基准线之间的夹角，σ 为无人机速度矢量与基准线之间的夹角，η 为无人机速度矢量与目标线之间的夹角。因为无人机在自主着陆过程中，始终处在车辆的上方，因此这三个角没有正负。对于比例导引法，这些变量之间会有如下的关系：

$$\frac{\mathrm{d}\sigma}{\mathrm{d}t} = K\frac{\mathrm{d}q}{\mathrm{d}t} \tag{9.14}$$

式中，K 为系数，它的积分形式为

$$\sigma - \sigma_0 = K(q - q_0) \tag{9.15}$$

即无人机速度向量的角度变化与无人机相对于车辆的角度变化成正比，如果这两个角度变化为 0，就成为图 9.3 的理想情况，也就是平行接近法。设汽车的速度为 v_C ，无人机的速度为 v_X ，沿 X 轴方向的速度为 v_{UX} ，沿 Y 轴方向的速度为 v_{UY} ，则在理想的平行接近的情况下，有如下的关系式成立：

$$v_C \sin q = v_U \sin\eta = \frac{v_{UX}\sin\eta}{\cos\sigma} \tag{9.16}$$

从而可以得到

$$v_{UX} = \frac{v_C \sin q \cos\sigma}{\sin\eta} \tag{9.17}$$

$$v_{UY} = \frac{v_C \sin q \cos\sigma \tan\sigma}{\sin\eta} \tag{9.18}$$

式中，q 和 v_C 可以通过云台相机测量计算得出，在这种情况下 η 可以表示为 $\eta = q - \sigma$ 。v_{UX} 受无人机最大飞行速度的限制，v_{UY} 受无人机最大下降速度的限制，可表示为

$$v_{UX} = \frac{v_C \sin q \cos\sigma}{\sin(q-\sigma)} = \frac{v_C \sin q \cos\sigma}{\sin q \cos\sigma - \sin\sigma\cos q} = \frac{v_C \sin q}{\sin q - \tan\sigma\cos q} < v_{UX\max} \tag{9.19}$$

$$v_{UY} = -v_{UX}\tan\sigma = \frac{v_C \sin q}{\sin q \cot\sigma - \cos q} > v_{UY\max} \tag{9.20}$$

由式（9.19）可知，v_C 一定时 σ 与 v_{UX}、v_{UY} 的绝对值在 σ 的取值范围内呈正相关。假设车辆以 $v_C = 30$ km/h(8.3 m/s) 的速度行驶，视线角 $q = 45°$ ，则此时满足无人机最大飞行速度以及最大下降速度限制的 σ 值可以通过计算得到 $\sigma_0 = 17.96°$ ，此时车辆行驶过的路程为

$$l = \frac{hv_C}{-v_{UY}} \tag{9.21}$$

假设无人机绝对高度 $h_U = 6$ m ，按照一般轿车的平均高度 $h_C = 1.5$ m 计算，无人机的相

对高度 $h = h_U - h_C$ 则可以初步判断上述情况下无人机着陆时车辆所行驶的距离 $l = 9.37\,\text{m}$。但此时无人机的下降速度 v_{UY} 的值达到最快的 4 m/s，即在 1.125 s 内完成着陆。这无疑将不利于四旋翼无人机自主着陆的安全性。为了保证无人机自主着陆的精确性，将无人机的降落时间定为 3 s，即 $v_{UY} = -1.5\,\text{m/s}$，在视线角 $q = 45°$ 时，速度方向角经过计算得到 $\sigma = 8.67°$，无人机的水平方向的速度 $v_{UX} = 9.83\,\text{m/s}$，此时车辆行驶的距离 $l = 25\,\text{m}$。

9.3.2　无人机的变速追踪着陆过程

若车辆在路面上保持匀速行驶，无人机的自主着陆过程可以理想近似于导弹平行接近法制导的过程，这是理想情况，但是现实中车辆可能会有减速或者加速的情况，这种情况就需要无人机针对车辆的速度变化改变角 σ 的值，即改变运动路径。

当车辆加速的时候，需要相应减少 σ 的值，令无人机的飞行轨迹向上偏移，将无人机的着陆位置向后移动一段距离，使无人机能够继续保持视线角一定执行追踪着陆过程，车辆加速过程中的追踪着陆过程如图 9.4 所示。

因为在自主着陆过程中，可以通过降低无人机速度矢量竖直方向的分量 v_{UY}，使速度方向角 σ 的值减小。当视线角 q 的值重新回到标准值 45° 时，通过对水平距离 l 求积分得到 v_C，用式（9.20）求得新的无人机速度矢量水平分量 v_{UX}，之后重新进行着陆过程。

而对于车辆减速的情况，则需要增大无人机速度方向角 σ，使无人机的飞行轨迹向下偏移，这种情况下预计着陆位置会向前移动，使无人机能成功接近车顶。车辆减速过程的追踪着陆过程如图 9.5 所示。

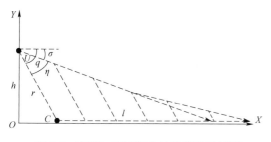 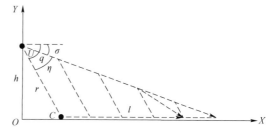

图 9.4　车辆加速过程中的追踪着陆过程　　　**图 9.5　车辆减速过程的追踪着陆过程**

在这种情况下，需要降低无人机速度的水平分量 v_{UX}，使无人机速度方向角 σ 增大。这时为了保证无人机在竖直方向上的稳定，控制停止无人机的下降，令其悬停在当前高度，当视线角重新回到标准值时，重新通过新的 v_C 计算 v_{UX} 并重新开始着陆。

因为在无人机自主着陆的过程中，在发生加减速前车辆对于无人机的视线方向角 q 是不变的，即车辆上的用于视觉识别的标志物的中心点在无人机机载云台相机所拍摄的图像中位置是不变的。因此可以简单地判断出车辆的加减速，从而进行调整。下面将介绍具体的调整方法。

本章之前提出了四旋翼无人机的数学模型和动力模型［式（9.1）～式（9.13）］的部分内容。

在四旋翼无人机自主着陆过程中，滚转角 ϕ 和偏航角 ψ，以及机体坐标系下的滚转角速度 p 和偏航角速度 r 可以看作 0。因此，不考虑 Y 方向，上述模型的部分方程可以简化为

$$\dot{x} = u\cos\theta + w\sin\theta \tag{9.22}$$

$$\dot{z} = -u\sin\theta + w\cos\theta \tag{9.23}$$

$$\dot{u} = F_x / m - g\sin\theta \tag{9.24}$$

$$\dot{w} = F_z / m + g\cos\theta \tag{9.25}$$

$$\dot{\theta} = q \tag{9.26}$$

$$F_x = -\rho / 2 \cdot S_{fx} \cdot u \cdot |u| \tag{9.27}$$

$$F_z = -k\_T \cdot \sum_{i=1}^{i} \Omega_i^2 - \rho / 2 \cdot S_{fz} \cdot w \cdot |w| \tag{9.28}$$

排除四旋翼无人机飞行过程中空气阻力对无人机的影响，动力学模型可以简化为

$$F_x = 0 \tag{9.29}$$

$$\dot{u} = -g\sin\theta \tag{9.30}$$

则

$$F_z = -k\_T \cdot \sum_{i=1}^{4} \Omega_i \tag{9.31}$$

对 X、Z 方向的速度进行微分，得到

$$\ddot{x} = \dot{u}\cos\theta - uq\sin\theta + \dot{w}\sin\theta + wq\cos\theta \tag{9.32}$$

$$\ddot{z} = -\dot{u}\sin\theta - uq\cos\theta + \dot{w}\cos\theta - wq\sin\theta \tag{9.33}$$

M100 的绕俯仰轴最大转速为 300°/s，最大俯仰角为 $\theta = 35°$，因此俯仰运动是在很短的时间内完成的，可以假定这个过程是瞬时的。此时，式（9.32）和式（9.33）可以写为

$$\ddot{x} = \dot{u}\cos\theta + \dot{w}\sin\theta = -g\sin\theta\cos\theta + F_z\sin\theta / m + g\sin\theta\cos\theta = F_z\sin\theta / m \tag{9.34}$$

$$\ddot{z} = -\dot{u}\sin\theta + \dot{w}\cos\theta = g\sin^2\theta + F_z\cos\theta / m + g\cos^2\theta = F_z\cos\theta / m + g \tag{9.35}$$

视线方向角 q 可以表示为

$$q = \arctan\frac{z}{l} \tag{9.36}$$

式中，z 为无人机所处的相对高度；$l = x - x_c$ 为开始着陆时无人机与车辆间的水平距离，x_c 为车辆所行驶的距离，并且有 $\dot{x}_c = v_c$。

无人机的速度方向角 σ 可以表示为

$$\sigma = \arctan \frac{\dot{z}}{\dot{x}} \tag{9.37}$$

在车辆减速的过程中，v_c 随时间 t 变慢，令 z 保持一定的高度，若使 p 保持不变，则需要使 l 保持与减速之前相等，即 $\Delta l = 0$。

因为要令无人机保持一定的高度，所以 $\dot{z} = 0$，$\ddot{z} = 0$，即

$$\ddot{z} = F_z \cos\theta / m + g = 0 \tag{9.38}$$

可以根据等式（9.38），将其代入式（9.34），得到

$$\ddot{x} = -g\tan\theta \tag{9.39}$$

因此，车辆减速过程中，四旋翼无人机的数学模型可以总结为

$$\dot{l} = \dot{x} - v_c$$
$$\ddot{x} = -g\tan\theta \tag{9.40}$$

当通过无人机对于标志物的图像识别发现视线方向角 q 增大一定值时，停止降落运动，令 z 保持一定的高度，同时通过对 l 进行求导可以得到此时车辆变速后的速度 v_c。

对视线角 q 及水平方向距离 l 进行闭环控制，如图 9.6 所示。

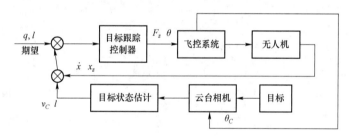

图 9.6　变速过程中无人机跟踪系统框图

对这一过程用 Matlab 中的 simulink 设计 PID（比例–积分–微分）反馈回路，回路的构造如图 9.7 所示。

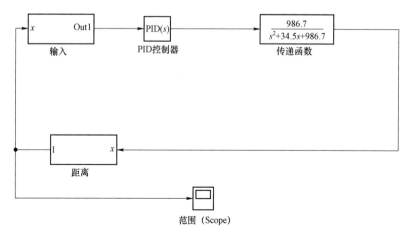

图 9.7　减速过程 PID 反馈回路

其中，系统的传递函数为

$$G(s) = \frac{986.7}{s^2 + 34.5s + 986.7}$$

（9.41）

在对 PID 控制器进行调参之后，得到无人机与车辆的水平距离的控制曲线以及视线角的控制曲线，如图9.8 所示。

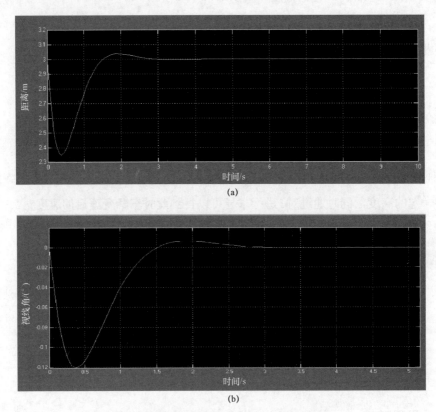

(a)

(b)

图 9.8　水平距离的控制曲线以及视线角的控制曲线

（a）水平距离的控制曲线；（b）视线角的控制曲线

当车辆加速时，无须提高 v_{UX} 的值，只要降低无人机速度向量的竖直分量 v_{UY}，即可令视线角 q 保持一定。

无论车辆加速或者减速，在保持视线角 q 为定值之后，再根据车辆的车速 v_C 对无人机的速度方向角 σ 和无人机速度向量的水平分量 v_{UX} 进行解算，之后再次开始追踪降落。

若此时 v_{UX} 上升到无人机所能允许的最大值，则若要使视线角 q 恒定，则需要减少无人机速度向量的竖直分量 v_{UY}，即 $\dot{z}$。在改变 $\dot{z}$ 时，无人机的速度向量水平分量保持不变，则俯仰角 $\theta = 0$，那么有式（9.42）成立：

$$\ddot{z} = F_z / m - g$$

（9.42）

维持视线角 q 的闭环控制如图9.9 所示。

若车辆速度继续增加，导致无人机的速度向量的竖直分量减少到 0，此时无人机着陆已不可能。这时车辆的临界速度 $v_C = v_{UX} = 17\,\text{m/s}$ ，即 61.2 km/h 。超越了这个车速着陆是不可能的。

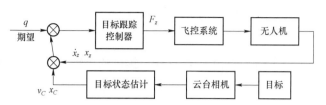

图 9.9　加速过程以及极限加速过程的无人机跟踪系统框图

9.4　四旋翼无人机的精确着陆过程

在无人机的绝对高度 $h_U \leqslant 2.5\,\text{m}$ 的时候，无人机将停止垂直升降运动并维持一定的高度，为无人机的精确着陆做准备。在精确着陆过程中，无人机会通过改变水平速度 v_{UX} 把视线角 q 维持到 90° ，保持无人机在车辆标志物正上方。这个过程的实质，和前面车辆变速情况下的无人机追踪着陆是相近的，所以控制模式也相对接近。当视线角 q 达到 90° 时，控制无人机令其缓慢降落，当无人机降至绝对高度 $h_U = 2\,\text{m}$ ，相对高度 $h = 0.5\,\text{m}$ 左右时，控制电机将会停止工作，无人机将停止悬停而自由下落，此时无人机将会落在着陆辅助装置的着陆网上，着陆过程结束。精确着陆过程的控制框图如图 9.10 所示。

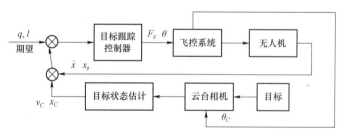

图 9.10　精确着陆过程的控制框图

此过程为车载无人机自主着陆的最后一个步骤。它的控制方法和车辆减速时的追踪着陆过程相似，则精确着陆过程水平距离 PID 控制曲线如图 9.11 所示。

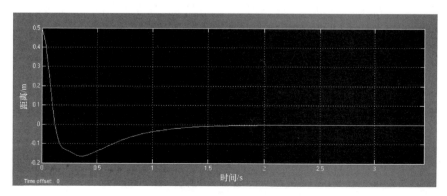

图 9.11　精确着陆过程水平距离 PID 控制曲线

9.5 四旋翼无人机着陆的误差仿真估计

在无人机执行完任务之后，先会根据 DGPS 提供的车辆以及自己的位置信息寻找车辆并进行追踪。此行为将以导弹制导方法中的追踪法实现，即沿无人机和车辆的视线方向飞行。当判断足够接近车辆，且无人机的速度与车辆速度方向相同后，切换为视觉导航，并实行导弹制导方法中的平行接近法进行着陆过程。在距离车辆足够近时，保持无人机的高度，控制无人机以与车辆速度相同的水平速度在车辆上方跟踪车辆，并在辅助装置的协助下降落。其具体流程如图 9.12 所示。

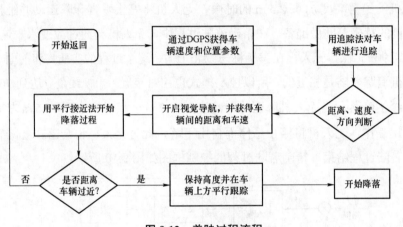

图 9.12　着陆过程流程

现对这一过程进行模拟实验以及误差分析。由于在四旋翼无人机着陆的过程中，通过反馈调节而令视线角稳定于期望值，因此，四旋翼无人机的着陆精度将取决于最后的降落过程，降落过程取决于以下几个因素：视线角 q，无人机速度水平分量 v_{UX}，车辆速度 v_C。其中视线角 q 的精度取决于经过视觉解算得到的无人机和车辆间的水平距离 l 与无人机的高度 h。车辆速度 v_C 取决于对车辆和无人机之间的距离 l 的求导，l 的精度会决定 v_C 的精度。在高度足够低的情况下，Guidance 可以为无人机提供相当精度的高度信息 h。因此，决定无人机着陆精度的参数为 l、h、v_{UX}。对于精确着陆过程，设计仿真实验进行误差分析计算。

根据精确着陆过程的控制框图，设计反馈回路，并在 Matlab 的 simulink 里进行仿真，回路的设计在第 8 章有所提及。之后再次利用蒙特卡洛法对精确着陆阶段末期悬停时的位置进行 1 000 次的误差仿真计算，计算结果如图 9.13 所示。

根据图 9.13 可以看出，在精确制导阶段末期的悬停时，无人机距离标志物原点的中心坐标的水平距离基本上在 ±0.2 m 之内，在这个范围内，无人机的着陆可以说是比较安全的。

因此，本章提出的基于平行接近法的四旋翼无人机自主着陆是可行的。

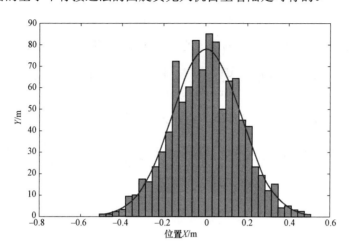

图 9.13　精确制导阶段末期悬停时的位置误差

9.6　本章小结

设计了基于导弹引导率中平行接近法的一种车载无人机自主着陆方法，令无人机保持对于目标车辆的一定竖直平面内的视线角 q 为 $45°$ 以及一个适当的下降速度 $v_{UY} = -1.5 \text{ m/s}$ 的同时，通过车辆的速度 v_C 计算出无人机应有的水平速度 v_{UX}，并按这个水平速度与竖直下降速度进行追踪着陆。对于着陆过程中车辆加速的情况，采取适当的减慢下降速度 v_{UY} 的措施使视线角 q 保持恒定，对于车辆减速的情况，先停止无人机的下落，然后减慢无人机的水平速度 v_{UX} 来使视线角 q 保持一定，在平衡视线角之后再次进行无人机的水平速度计算然后继续着陆。在无人机距离车顶 0.5 m 时，停止着陆，通过改变水平速度 v_{UX} 将视线角 q 扩大到 $90°$，也就是令无人机处于车辆正上方，然后再进行下落。误差仿真结果表明这种方法具有一定的可行性。

习题 9

9.1　简述三点法导引律的控制系统结构和功能。

9.2　简述采用超前–滞后校正网络情况下三点导引法控制系统开环截止频率和开环增益之间的关系。

9.3　采用有限体积法离散下列积分方程。

$$\int \frac{\partial \phi(x, y, t)}{\partial t} \mathrm{d}V = \oint \Gamma \bar{n} \cdot \nabla \phi \mathrm{d}S$$

9.4　给出圆球无黏性绕流的定解条件。

9.5　采用有限差分法离散对流扩散方程，并分析其稳定性。

9.6　利用泰勒级数法生成等距网格上的一阶偏导数的四阶精度中心差分格式。

9.7　用控制体积法离散 $\dfrac{\mathrm{d}T}{\mathrm{d}t} + u\dfrac{\mathrm{d}T}{\mathrm{d}x} + \dfrac{\mathrm{d}}{\mathrm{d}x}\left(k\dfrac{\mathrm{d}T}{\mathrm{d}x}\right) + s = 0$，要求对 s 线性化，并简单谈谈网格如何划分、交界面传热系数如何计算、边界条件如何处理。

9.8　在等间距网格上写出关于 ϕ 的输运方程 $\rho\dfrac{\partial\phi}{\partial t} + u\dfrac{\partial\phi}{\partial x} + v\dfrac{\partial\phi}{\partial y} - \Gamma\left(\dfrac{\partial^2\phi}{\partial x^2} + \dfrac{\partial^2\phi}{\partial y^2}\right) = q_\phi$ 的差分方程，差分格式不限。

参 考 文 献

[1] 温羡桥，李英. 从美国无人机的发展来看无人机在未来战争中的应用前景 [J]. 现代防御技术，2004，31（5）：1-5.

[2] 梁德文. 外军无人侦察机系统的发展现状和趋势 [J]. 电讯技术，2001（5）：116-121.

[3] 邱晓红，景华. 无人机系统技术发展趋势 [J]. 航空科学技术，2000（1）：11-13.

[4] SMITH T R. Ballute parachute decelerators for fasm/quicklook UAV [C] //AIAA-2003-2142-271.

[5] 孙成陆. 合理规划航线 提高无人机战场运用效能[J]. 网络财富，2010（15）：191-192.

[6] "尖兵之翼——第三届中国无人机大会暨展览会"开幕 本年度唯一无人机盛会再掀无人机发展热潮 [J]. 应用光学，2010（4）：1-8.

[7] 李振利. 美军无人机未来展望 [J]. 国防科技工业，2010（7）：49-51.

[8] 雷明鸣，李天玉. 无人机自主飞行航迹规划 [J]. 科技风，2010（4）：273.

[9] 周航. 美国空军的无人机系统飞行计划 [J]. 航空电子技术，2010，41（2）：51.

[10] 徐文. 俄罗斯无人机的发展现状 [J]. 飞航导弹，2004（2）：49-54.

[11] 《国外无人机大全》编写组. 国外无人机大全 [M]. 北京：航空工业出版社，2001.

[12] 张晓东，张杨. 国外潜射无人机的作战使用与研制 [J]. 飞航导弹，2003（9）：7-9.

[13] 张晓敏. 舰载无人机作战使用研究 [J]. 科技信息，2010（17）：492.

[14] 赵涛. 舰载无人机的发展 [J]. 舰船电子工程，2010，30（4）：21-25.

[15] 朱华勇，牛轶峰，沈林成，等. 无人机系统自主控制技术研究现状与发展趋势[J]. 国防科技大学学报，2010，32（3）：115-120.

[16] 马吉，任博，王斌. 信息化联合作战条件下无人机的发展趋势 [J]. 吉林工程技术师范学院学报，2010，26（6）：66-67.

[17] 臧晓京，朱爱平. 无人机将用于导弹防御系统 [J]. 飞航导弹，2010（5）：16-18.

[18] 吴苏琳. 国产新型多用途无人机实施侦察校射 [J]. 兵器知识，2010（4）：1-6.

[19] 傅德熏. 流体力学数值模拟 [M]. 北京：国防工业出版社，1993.

[20] 朱自强. 应用计算流体力学 [M]. 北京：北京航空航天大学出版社，1998.

[21] JAMESON A. Numerical simulation of the Euler equations by finite volume methods

using methods using Runge-Kutta time-marching schemes ［C］// AIAA－81－1295.

［22］ MACCORMACK R W. The effect of viscosity on hypervelocity impact cratering ［C］// AIAA－69－354.

［23］ JAMESON A. Lower-upper implicit schemes with multiple grids for the Euler equations ［J］. AIAA journal，1987，25（7）：929－935.

［24］ BAKER A J. A finite element algorithm for computational fluid dynamics ［J］. AIAA journal，1983，21（6）：816－827.

［25］ EDWARDS J W，MALONE J. B. Current status of computational methods for transonic unsteady aerodynamics and aeroelastic applications ［R］. NASA-TM－104191.

［26］ OSHER S，CHAKRAVARTHY S. Very high order accurate TVD schemes ［R］. UCLA Mach. Rept，1984.

［27］ YANG J Y. Third order nonoscillatory schemes for the Euler equations ［C］// AIAA－1990－110.

［28］ VAN LEER B，THOMAS J L, ROE P, et al. A comparison of numerical flux formulas for the Euler and Navier-Stokes equations ［C］// AIAA－87－1104.

［29］ LONSDALE G，SCHULLER A. Multigrid efficiency for complex flow simulations on distributed memory machines ［J］. Parallel computing，1993（19）：23－32.

［30］ BASU J. A parallel algorithem for spectral solution of the three-dimensional Navier-Stokes equations ［J］. Parallel computing，1994（20）：1－10.

［31］ 王飞. 基于数值风洞的火箭弹级间分离与减速运动研究 ［D］. 北京：北京理工大学，2006.

［32］ 王飞，杨树兴，徐勇，等. 基于集群系统的导弹流场并行数值模拟 ［J］. 华中科技大学学报（自然科学版），2007（35）：206－208.

［33］ STAGG A K，CLINE D D，GAREY G Y. Parallel scalable parabolized Navier-Stokes solver for large-scale simulations ［J］. AIAA journal，1995（33）：102－108.

［34］ LANTERI S. Parallel solutions of compressible flow using overlapping and non-overlapping mesh partitioning strategies ［J］. Parallel computing，1996（22）：1－12.

［35］ 朱国林，徐庆新. 计算流体力学并行计算技术研究综述 ［J］. 空气动力学学报，2002（20）：1－6.

［36］ MIYOSHI H. Development and achievement of NAL NWT for CFD computations ［C］// Proc. Supercomputing，1994.

［37］ NAKAMURA T. Simulation of the 3D cascade flow with NWT ［C］// Proc. Supercomputing，1996.

［38］ BUYYA R.高性能集群计算：第一卷：体系结构与系统［M］.郑纬民，石威，汪东升，等译．北京：电子工业出版社，2001.

［39］ 王文义，阴斐，王若雨. Infiniband Ⅲ型集群系统可视化监测工具的实现方法［J］. 计算机工程与应用，2005（22）：87−91.

［40］ NPACI Rocks Cluster Distribution［Z］. Users Guide. Scalable Systems Pte Ltd，2004.

［41］ 肖明旺．面向科学计算的集群系统性能评测技术［D］. 长沙：国防科学技术大学，2004.

［42］ DONGARRAY J J，LUSZCZEKY P，PETITET A. The LINPACK benchmark: past，present，and future［J］.Concurrency and computation practice and experience, 2003, 15(9): 803−820.

［43］ 朱自强．应用计算流体力学［M］. 北京：北京航空航天大学出版社，1998.

［44］ 褚江．非结构动网格生成方法研究［D］. 南京：南京理工大学，2006.

［45］ 乔志德．多块嵌套网格的基本块拓扑结构［C］// 第一届全国计算网格生成方法研讨会，1997.

［46］ DUBUC L. Solution of the unsteady Euler equations using an implicit dual-time method［J］. AIAA journal，1998，36（8）：1417−1424.

［47］ WATSON D F. Computing the n-dimensional Delaunay tessellation with application to Voronoi polytopes［J］. Computer journal，1981（24）：167−172.

［48］ PIRZADEH S. Structured background grids for generation of unstructured grids by advancing front method［C］// AIAA−91−3233.

［49］ GILLYBOEUF J P，MANSUY P，PAVSIC S. Two new chimera methods：application to missile separation［C］// AIAA−95−0353.

［50］ TU S Z，RUFFIN S M. Solution adaptive，unstructured Cartesian-grid methodology for chemically reaction flow［C］// AIAA−2002−3097.

［51］ 郭正，刘君，翟章华，等．非结构网格在三维可动边界问题中的应用［J］. 力学学报，2003，35（2）：140−160.

［52］ 徐勇．超音速射流元件研究［D］. 北京：北京理工大学，2003.

［53］ BAKER T J，CAVALLO P A. Dynamic adaptation for deforming tetrahedral meshes［C］// AIAA−99−3253.

［54］ CAVALLO P A，LEE R A，HOSANGADI A. Simulation of weapons bay store separation flowfields using unstructured grids［C］// AIAA−99−3188.

［55］ BATINA J T. Implicit flux-split Euler schemes for unsteady aerodynamic analysis involving unstructured dynamic meshes［R］. NASA TM−102732，1990.

［56］ OHNER R L. Adaptive remeshing for transient problems［J］. Computer methods in applied mechanics and engineering，1989（75）：195-214.

［57］ OHNER R L，BAUM J D. Three-dimensional store separation using a finite element solver and adaptive remeshing ［C］// AIAA-91-0602.

［58］ VENKATAKRISHNAN V，MAVRIPLIS D J. Agglomeration multigrid for the three-dimensional Euler equations［R］. ICASE Report 94-5. Hampton，Virginia：NASA Langley Research Center，1994.

［59］ LIEBECK R H. Design of the blended-wing-body subsonic transport ［J］. Journal of aircraft，2004，41（1）：10-25.

［60］ SUN Jing，ZHANG Binqian. Concept investigation of 'W'tailless configuration ［C］// AIAA-2005-4602.

［61］ CORNELIUS K C. Analysis of vortex bursting utilizing three-dimensional laser measurements ［J］. Journal of aircraft，1995，32（2）：297-306.

［62］ GUILER R. Wind tunnel analysis of a morphing swept wing tailless aircraft ［C］// AIAA-2005-4981.

［63］ 朱自强，吴宗成. 现代飞机设计空气动力学 ［M］. 北京：北京航空航天大学出版社，2005.

［64］ 顾诵芬，解思适. 飞机总体设计 ［M］. 北京：北京航空航天大学出版社，2001.

［65］ 宋琦. 弹载无人机气动外形设计及关键技术研究 ［D］. 北京：北京理工大学，2008.

［66］ 孔繁美，邱栋. V形尾翼的气动特性研究［J］. 北京航空航天大学学报，2001，27（3）：313-316.

［67］ 李琼云，王正平. 近距耦合式上反与下反 V 形尾翼气动布局特性研究 ［J］. 科学技术与工程，2008，8（4）：1116-1119.

［68］ GUO Qingzhang，SHU Xingyang，YONG Xu. Numerical simulation of the aerodynamic characteristics of vee-tail based on cluster system ［C］// 2008 Proceedings of Information Technology and Environmental System Sciences，2008（4）：823-827.

［69］ ROKHSAZ K. Theoretical and experimental investigation of the self-induced oscillations of a single vortex filament ［C］// AIAA-2002-3304.

［70］ BOTTOMLEY J W. The tandem wing concept applied to modem transports ［J］. Aeronautical journal，1974，78（767）：523-524.

［71］ RHODES M D，SELBERG B P. Benefits of dual wings over single wings for high-performance business airplanes ［J］. AIAA journal，1984，21（2）：116-127.

［72］ SCHARPF D F，MUELLERT T J，Experimental study of a low reynolds number tandem airfoil configuration［J］. Journal of aircraft，1992，29（2）：231−236.

［73］ BEHRBOHM H. Basic low speed aerodynamic of short-coupled canard configuration of small aspect ratio［R］. SAABTN−60 Linkoping，Swaden，1965.

［74］ ER-EL J，SEGINER A. Vortex trajectories and break down on wing-canard configurations ［J］. Journal of aircraft，1985，22（8）：641−648.

［75］ ERICKSON G E，SCHREINER J A，ROGERS L W. Canard-wing vortex interaction at subsonic through supersonic speeds［C］// AIAA−90−2814.

［76］ 张彬乾，LASCHKA B.前掠翼鸭式布局中鸭翼的气动特性［J］. 西北工业大学学报，1990，8（3）：404−409.

［77］ SCHMITT V，CHARPIN F. Pressure distributions on the ONERA-M6−wing at transonic mach numbers［R］. Experimental Data Base for Computer Program Assessment. Report of the Fluid Dynamics Panel Working Group 04，AGARD AR 138，May 1979.

［78］ 李津，陈泽明，朱自强，等. 带副翼三维机翼绕流的 Euler 方程解［J］. 空气动力学学报，1999，17（3）：251−256.

［79］ 李孝伟，乔志德. 带副翼三维机翼黏性绕流计算的嵌套网格方法［J］. 西北工业大学学报，2001，19（1）：126−129.

［80］ 吴宗成，朱自强，丁宁，等. 三维副翼铰链力矩计算［J］. 航空学报，2007，28（3）：519−526.

［81］ 陈耀慧，张辉，范宝春，等. Lorentz 力的大小和作用位置对翼型绕流及升力和阻力的影响［J］. 空气动力学学报，2010（3）：345−352.

［82］ 王龙，宋文萍. 翼型绕流的 LBM 大涡模拟研究［J］. 西北工业大学学报，2010（3）：448−452.

［83］ 王永寿，陈延辉. 超小型无人机 4%弧线翼型与 NACA0012 翼型在低雷诺数范围内的气动特性［J］. 飞航导弹，2010（6）：79−86.

［84］ YAO Jixian. Unsteady flow investigations in an axial turbine using the massively parallel flow solver TFLO［C］// AIAA−2001−529.

［85］ DAVIS R L. Prediction of 3−D unsteady flow in multi-stage turbomachinery using an implicit dual time-step approach［C］// AIAA−1996−2565.

［86］ 支真莉，焦予秦. 翼型试验阻力测量方法的数值计算研究［J］. 科学技术与工程，2010（14）：3384−3388.

［87］ 耿子海，刘双科，王勋年，等. 二维翼型混合层流控制减阻技术试验研究［J］. 实验流体力学，2010（1）：46−50.

［88］ 王运涛，王光学，张玉伦. 30 P−30 N 多段翼型复杂流场数值模拟技术研究［J］. 空

气动力学学报，2010（1）：99-103.

[89] 陈峰，胡宇群. 基于型值点的翼型曲线设计方法［J］. 中国高新技术企业，2009（23）：32.

[90] PARKER A G. Measurements on a delta wing in unsteady flow ［J］. Journal of aircraft，1977，14（6）：547-552.

[91] HALL K C，DUKE U，DURHAM N C. Eigenanalysis of unsteady flows about airfoils，cascades，and wings ［J］. Journal of aircraft，1994，32（12）：2426-2432.

[92] GURSUL I. Review of unsteady vortex flows over slender delta wings ［J］. Journal of aircraft，2005，42（2）：299-319.

[93] 张鹏，叶舟. 小攻角下翼型边界层分离对数值模拟结果的影响研究 ［J］. 能源研究与信息，2009（4）：240-243.

[94] 李世宇，陈波，刘高联，等. 二维可压翼型绕流的新型无网格解法 ［J］. 上海大学学报（自然科学版），2009（5）：464-469.

[95] 解克，李晓东，林大楷. 圆柱/翼型干涉流场的试验研究 ［J］. 飞机设计，2009（4）：6-12.

[96] 高民. 应用自由变形法的翼型几何外形参数化研究 ［J］. 飞行力学，2009（5）：44-50.

[97] BRYSON S，LEVIT C. The virtual wind tunel: an environment for the exploration of three dimensional unsteady flows ［C］// Proc. Visualization，1992.

[98] BRYSON S，GERALD-YAMASAKI M. The distributed virtual wind tunnel ［C］// Proc. Supercomputing，1992

[99] BRYSON S，JOHAN S. Initial user reaction to the virtual wind tunnel［C］// AIAA-95-0114.

[100] SMITH M，CHAWLA K，DALSEM V. Numerical simulation of complete STOVL aircraft in ground effect ［C］// AIAA-91-3293.

[101] 张一帆，张小莉. RAE2822 翼型跨音速流动 CFD 计算的可信度分析 ［J］. 航空计算技术，2009（4）：68-70.

[102] 左林玄，王晋军. 低雷诺数翼型的优化设计 ［J］. 兵工学报，2009（8）：1073-1077.

[103] BATINA J T. Unsteady Euler airfoil solution using unstructured dynamic meshes ［C］// AIAA-89-0115.

[104] 曲立群，汪建文，朱德臣，等. NACA4415 翼型失速特性的二维数值研究 ［J］. 内蒙古工业大学学报（自然科学版），2009（1）：48-51.

[105] 胡远，张师帅. 基于 CFD 分析的翼型性能预测 ［J］. 风机技术，2009（1）：10-12.

[106] STRASH D J，LEDNICER D A. Analysis of propeller-induced aerodynamic effects ［C］// AIAA-98-2414.

［107］ MULLER J，ASCHWANDEN M. Wind tunnel simulation of propeller effects in the A400M FLA－4 model［C］// 41st AIAA/ASME/SAE/ASEE Joint Propulsion Conference &Exhibit 10－13 July 2005，Tucson，Arizona.

［108］ BOYLE F J，FLAHERTY M P O，EATON J A. Validation of efficient Euler algorithms for advanced propellers under transonic and subsonic conditions ［C］// 17th Applied Aerodynamics Conference 28 June－1 July，1999/Norfolk，VA.

［109］ MOFFITT B A，BRADLEY T H，et al. Validation of vortex propeller theory for UAV design with uncertainty analysis ［C］// 46th AIAA Aerospace Sciences Meeting and Exhibit 7－10 January 2008，Reno，Nevada.

［110］ 靳伟，王化明. 螺旋桨黏性流场的数值模拟 ［J］. 船海工程，2010（3）：44－47.

［111］ 车永刚，程玉胜. 螺旋桨空化噪声谱模型及结构特征 ［J］. 哈尔滨工程大学学报，2010（7）：837－841.

［112］ 欧礼坚，安源，叶家玮，等. 基于 CFD 计算的螺旋桨削边研究及应用 ［J］. 科学技术与工程，2010（19）：4699－4703.

［113］ 许建华，宋文萍，韩忠华，等. 基于 CFD 技术的螺旋桨气动特性研究 ［J］. 航空动力学报，2010（5）：1103－1109.

［114］ 纪小辉，王伟，陈彤. 小型无人机木质螺旋桨的三维建模与数控加工 ［J］. 机械设计与制造，2010（1）：55－57.

［115］ 蒋晓莉，杨士普. 螺旋桨飞机滑流机理分析 ［J］. 民用飞机设计与研究，2009（4）：34－38.

［116］ 朱志峰，王晓燕，方世良. 基于非结构网格 RANS 方法螺旋桨空化研究 ［J］. 海洋工程，2009（4）：103－120.

［117］ 胡小菲，黄振宇，洪方文. 螺旋桨非定常力的黏性数值分析 ［J］. 水动力学研究与进展 A 辑，2009（6）：734－739.

［118］ GAMBLE B J，REEDER M F. Experimental analysis of propeller-wing interactions for a micro air vehicle ［J］. Journal of aircraft，2009，46（1）：65－73.

［119］ ONERA R，BARTH T J. Numerical simulation of unsteady Euler flow around multibladed rotor in forward flight using a moving grid approach ［C］// Proceedings of 51st Annual Forum of AHS，1995.

［120］ MEAKIN R L. Moving body overset grid methods for complete aircraft tiltrotor simulation ［C］// AIAA－93－3350－CP.

［121］ WHITFIELD D L. Three-dimensional Euler equations simulation of propeller-wing interaction in transonic flow［C］// AIAA 21st Aerospacc Science Meeting，1983：83－236.

［122］　SRINIVASAN G R，BAEDER J D. Flowfield of a lifting rotor in hover: a Navier-Stokes simulation ［J］. AIAA journal，1992，30（10）：2371-2378.

［123］　AHMAD J，DUQUE E P N. Helicopter rotors blade computation in unsteady flows using moving embedded grids ［J］. AIAA journal，1995，33（1）：54-60.

［124］　HARIHARAN N，SANKAR L N，et al. Numerical simulation of rotor-airframe interaction ［C］// 33rd Aerospace Sciences Meeting and Exhibit，RenoHilton，January 9-12，1995.

［125］　陈军. 弹载无人机关键技术研究 ［D］. 北京：北京理工大学，2008.

［126］　KENNETH S，BRENTNER F. Farassat analytical comparison of the acoustic analogy and Kirchhoff formulation for moving surfaces［J］. AIAA journal，1998，36（8）：1379-1386.

［127］　FARASSAT F，CASPER J H. Airframe noise prediction by acoustic analogy：revisited ［C］// 12th AIAA/CEAS Aeroacoustics Conference，Cambridge，Massachusetts，May8-10，2006.

［128］　李征初，王勋年，陈洪，等. 螺旋桨滑流对飞机机翼流场影响试验研究 ［J］. 流体力学实验与测量，2000，14（2）：44-48.

［129］　李鹏. 飞机螺旋桨噪声及降噪分析 ［J］. 装备制造技术，2009（8）：37-38.

［130］　纪小辉，王伟，陈彤. 双叶等距木质螺旋桨的三维建模与数控加工 ［J］. 现代制造工程，2009（7）：30-36.

［131］　张鑫，窦满峰，丁晓峰，等. 飞行器螺旋桨电推进动力测试系统设计研究 ［J］. 微电机，2009（7）：72-74.

［132］　前哨. 空天一体化的高超音速飞行器 ［J］. 环球飞行，2002（5）：24-27.

［133］　车竞. 高超声速飞行器乘波布局优化设计研究 ［D］. 西安：西北工业大学，2007.

［134］　康志敏. 高超声速飞行器发展战略研究 ［J］. 现代防御技术，2000，28（4）：28-34，41.

［135］　党雷宁. 乘波飞行器外形设计与气动特性研究 ［D］. 绵阳：中国空气动力研究与发展中心，2007.

［136］　刘桐林. 国外高超声速技术发展探析 ［J］. 飞航导弹，2002（6）：30-40.

［137］　HAMPTON V，EDWARDS C. NASA hyper-X program demonstrates scramjet technologies X-43A flight makes aviation history ［Z］. NASA Facts，2004.

［138］　JOSEPH M H，JAMES S M，RICHARD C M. The X-51A scramjet engine flight demonstration program ［C］// AIAA-2008-2540.

［139］　温杰. 美国海军的 HyFly 计划 ［J］. 飞航导弹，2008（12）：10-13.

［140］　张洪娜，牛文. 俄罗斯于莫斯科航展上披露高超声速导弹研制进展 ［J］. 飞航导弹，

2013（10）：62.

[141] 李文杰，牛文. 布拉莫斯–2 高超声速导弹首次亮相印度航展 [J]. 飞航导弹，2013（5）：5–7.

[142] 沈剑，王伟. 国外高超声速飞行器研制计划 [J]. 飞航导弹，2006（8）：1–9.

[143] 刘祥静，叶蕾. 法国的 LEA 飞行试验计划 [J]. 飞航导弹，2008（12）：5–9.

[144] Hyshot scramjet experiment blasts off in South Australian Desert [EB/OL].（2006–03–25）. http://www. uq. edu. au.

[145] 姚文秀，雷麦芳，杨耀栋，等. 高超声速乘波飞行器气动实验研究 [J]. 宇航学报，2002，23（6）：82–90.

[146] NONWEILER T R F. Aerodynamic problems of manned space vehicle [J]. Journal of the Royal Aeronautical Society，1959，63（9）：521–528.

[147] JONES J G，MOORE K C，PIKE J，et al. A method for designing lifting configurations for high supersonic speeds，using axisymmetric flow fields [J]. Ingenieur-archiv，1968，37：56–72.

[148] RASMUSSEN M L. Waverider configurations derived from inclined circular and elliptic cones [J]. Journal of spacecraft and rockets，1980，17（6）：537–545.

[149] RASMUSSEN M L，JISCHKE M C，DANIEL D C. Experimental forces and moments on cone-derived waveriders for M=3–5 [J]. Journal of spacecraft and rockers，1982，19（6）：592–598.

[150] PARK H K. Model of an aerospace plane based on an idealized cone-derived waverider forebody [D]. Stillwater, Oklahoma：the University of Oklahoma，1990.

[151] BOWCUTT K G，ANDERSON J D. Viscous optimized hypersonic waveriders [C] // AIAA–1987–0272.

[152] RUDD V E. Longitudinal dynamic stability and control of mission oriented hypersonic waverider vehicles [D]. City of College Park, Margland：University of Maryland，2001.

[153] SOBIECZKY H. Hypersonic waverider design from given shockwaves [C] // ANDERSON J D. Proceedings of the first international hypersonic waverider symposium. City of College Park，Maryland：University of Maryland，1990.

[154] EGGERS T，SOBIECZKY H. Design of advanced waveriders with high aerodynamic efficiency [C] // AIAA–95–5141.

[155] CENTER K B，JONES K D，DOUGHERTY F C，et al. Interactive hypersonic waverider design and optimization [C] // Paper No. ICAS–92–1.8.3，Proceedings of the 18th Congress of ICAS，Beijing，People's Republic of China，1992，9：1571–1580.

［156］ TAKASHIMA N. Optimization of waverider based hypersonic vehicle design ［D］. City of College Park，Maryland：University of Maryland，1997.

［157］ JONES K D，DOUGHERTY F C，SEEBASS A R，et al. Waverider design for generized shock geometries ［C］// AIAA－93－0774.

［158］ RODI P E. The osculating flow field method of waverider geometry generation ［C］// AIAA－2005－511.

［159］ MILLER R W，ARGROW B M. Subsonic aerodynamics of an osculating cones waverider ［C］// AIAA－1997－0189.

［160］ O'NEIL M K L. Optimized scramjet engine integration on a waverider airframe［D］. City of College Park，Maryland：University of Maryland，1992.

［161］ GILLUM M J，LEWIS M J. Experimental results on a mach 14 waverider with blunt leadingedges ［J］. Journal of aircraft，1997，34（3）：296－303.

［162］ CHARLES E，COCKRELL C E JR. Interpretation of waverider performance data using computation fluid dynamics ［C］// AIAA－93－2921.

［163］ COCKRELL C E JR，HUEBNER L D，FINLEY D B. Aerodynamic performance and flow-field characteristics of two waveriders-derived hypersonic cruise configurations ［C］// AIAA－95－0736.

［164］ STROHMEYER D. Lateral stability derivatives for osculating cones waveriders in sub-and transonic flows ［C］// AIAA－98－1618.

［165］ NARUHISA T. Navier-Stokes computations of a viscous optimized waverider ［D］. City of College Park，Maryland：University of Maryland，1992.

［166］ NARUHISA T，LEWIS M J. Optimization of waverider-based hypersonic cruise vehicles with off-design conditions ［J］. Journal of aircraft，1999（36）：122－123.

［167］ HE X，RASMUSSEN M L. Computational analysis of off design waveriders［J］. Journal of aircraft，1994（31）：14－15.

［168］ Y J S，TSAI B，MILES J B. Cone-derived waverider flowfiled simulation including turbulence and off design conditions ［J］. Journal of spacecraft and rockets，1996（33）：16－18.

［169］ STARKEY R P，LEWIS M J. Analytical off-design lift-to-drag-ratio analysis for hypersonic waveriders ［J］. Journal of spacecraft and rockets，1990，37（5）：684－691.

［170］ CHARLES E C，DENNIS B F，LAWRENCE D H. Aerodynamic performance and flow-field characteristics of two waverider derived hypersonic cruise configurations ［C］// AIAA－95－0736.

［171］ SOBICZKY H，ZORES B，WANG Zhuo，et al. High speed flow design using the theory of osculating cones and axisymmetric flows［J］. Chinese journal of aeronautics，1999，12（1）：3 – 10.

［172］ 彭钧，陆志良，李文正. Ma4.5 巡航飞行器乘波体方法优化设计［J］. 宇航学报，2004，25（2）：135－140.

［173］ 肖洪，商旭升，王新月，等. 吻切锥乘波机的构型设计与性能研究［J］. 宇航学报，2004，25（2）：127－130.

［174］ 王烁，李萍，陈万春. 锥导乘波体气动代理建模方法研究［J］. 飞行力学，2012（1）：43 – 47.

［175］ 张珍铭，刘毅，丁运亮. 高超声速飞行器参数化几何建模方法与外形优化［J］. 南京航空航天大学学报，2012（2）：172－177.

［176］ 薛倩. 乘波机/进气道构型设计与优化［D］. 西安：西北工业大学，2005.

［177］ 田婷. 乘波器气动外形优化设计［D］. 北京：北京航空航天大学，2005.

［178］ 张东俊，王延奎，邓学蓥. 高升阻比乘波体外形设计及气动特性计算研究［J］. 北京航空航天大学学报，2004，30（5）：429－433.

［179］ 张东俊，王延奎，邓学蓥. 基于乘波体的高超音速运载器气动布局设计［J］. 北京航空航天大学学报，2005，31（2）：177－181.

［180］ 张翠娥. 锥导乘波构型的设计、优化及数值模拟［D］. 哈尔滨：哈尔滨工程大学，2008.

［181］ 张骢. 高升阻比乘波体气动特性研究［D］. 沈阳：沈阳理工大学，2016.

［182］ 赵志. 乘波构型前体的设计与性能计算［D］. 西安：西北工业大学，2006.

［183］ KENNEDY J，EBERHART R C. Particle swarm optimization［C］//IEEE International Conference on Neural Networks.1995（4）：1942－1948.

［184］ 杨梅花，夏露，张欣，等. 基于粒子群和人工蜂群混合算法的气动优化设计［J］. 航空工程进展，2017，8（2）：182－189.

［185］ ANDERSON J D. Hypersonic and high-temperature gas dynamics［M］. 2nd ed. New York: American Institute of Aeronautics and Astronautics，2006.

［186］ 孙茂，唐剑. 微型飞行器的仿生流体力学——昆虫产生高升力的机理和所需的功率［C］// 第七届全国空气弹性学生交流会论文，2001：276－283.

［187］ DICKINSON M H. The effects of wing rotation on unsteady aerodynamic performance at low Reynolds numbers［J］. Journal of experimental biology，1994，192：179－206.

［188］ DICKINSON M H，GÖTZ K G. Unsteady aerodynamic performance of model wings at low Reynolds numbers［J］. Journal of experimental biology，1993，174：45－64.

[189] 张明伟，方宗德，周凯. 微型仿鸟扑翼飞机设计与仿真系统开发 [J]. 计算机仿真，2007，24（5）：30−33.

[190] 肖永利，张琛. 微型飞行器的研究现状与关键技术 [J]. 宇航学报，2001，22（5）：26−32.

[191] ROGERS S E，KWAK D，KIRIS C. Numerical solution of the incompressible Navier-Stokes equations for steady-state and dependent problems [J]. AIAA journal，1991，29：603−610.

[192] WEIS-FOGH T. Quick estimates of flight fitness in hovering animals，including novel mechanism for lift production [J]. Journal of experimental biology，1973，59：169−230.

[193] VOGEL S. Flight in Drosophila：III. Aerodynamic characteristics of fly wing and wing models [J]. Journal of experimental biology，1967，46：431−443.

[194] 曾锐，昂海松. 扑翼柔性及其对气动力特性的影响 [J]. 计算力学学报，2005，22（6）：750−754.

[195] WEIS-FOGH T. Energetics of hovering flight in hummingbirds and in drosophila [J]. Journal of experimental biology，1972，56：79−104.

[196] MILLER C，LOZANO P C. Measurement of the fragmentation rates of solvated ions in ion electrospray thrusters [C] // AIAA/SAE/ASEE Joint Propulsion Conference，2015.

[197] JAMES M M，MICHAEL S F. Micro air vehicles-toward a new dimension in flight [R]. US DRAPA/TTO Report，1997.

[198] 韩志敏，洪冠新. 微型飞行器（MAV）的类型、特点与发展 [C] // 飞行力学与飞行试验学术交流年会论文，2004：107−110.

[199] 胡宇群. 微型飞行器中的若干动力学问题研究 [D]. 南京：南京航空航天大学，2002.

[200] 何仁扬. 拍扑式微飞行器之制作及其现地升力之量测研究 [D]. 新北市：淡江大学，1994.

[201] 朱自强，王晓璐，吴宗成，等. 小型和微型无人机的气动特点和设计 [J]. 航空学报，2006，27（3）：353−364.

[202] LIU H，ELLINGTON C P，KAWACHI K，et al. A computational fluid dynamic study of hawkmoth hovering [J]. Journal of experimental biology，1998，201：461−477.

[203] 刘岚，方宗德，侯宇，等. 微型扑翼飞行器机翼气动建模分析与试验 [J]. 航空动力学报，2005，20（1）：22−28.

[204] HILGENSTOCK A. A fast method for the elliptic generation of three dimensional grid with full boundary control [M] //SENGUPTA S，HAUSER J，EISEMAN P R, et al. Numerical grid generation in CFM'88. Swansea，UK：Pineridge Press Ltd，1988：

137－146.

[205] 周骥平，朱兴龙，周建华，等. 仿生扑翼飞行简化力学模型及其实验研究 [J]. 中国机械工程，2007，18（6）：631－634.

[206] 李占科，宋笔锋，宋海龙. 微型飞行器的研究现状及其关键技术 [J]. 飞行力学，2003，21（4）：1－4.

[207] BIRCH J M，DICKINSON M H. Spanwise flow and the attachment of the leading-edge vortex on insect wings [J]. Nature，2001，412：729－733.

[208] 曾锐，昂海松，刘国涛，等. 柔性扑翼的模型建立及其功率研究 [J]. 中山大学学报（自然科学版），2004，43（3）：28－35.

[209] 张兴伟. 楔形体在可压缩流场中的数值研究 [D]. 哈尔滨：哈尔滨工业大学，2006.

[210] ROGERS S E，KWAK D. Steady and unsteady solutions of the incompressible Navier-Stokes equations [J]. AIAA journal，1989，29（4）：603－610.

[211] ZHAO L，HUANG Q，DENG X，et al. Aerodynamic effects of flexibility in flapping wings [J]. Journal of Royal Society Interface，2010，7（44）：485－497.

[212] 王福军. 计算流体动力学分析——CFD 软件原理与应用 [M]. 北京：清华大学出版社，2004.

[213] 汤博麟. 基于图像处理的四旋翼自动着陆控制系统研究 [D]. 大连：大连理工大学，2015.

[214] 赵洁. KWID 和它的超级拍档 KWID Z. E [J]. 世界汽车 World Auto，2014（4）：132－135.

[215] MARTÍNEZ C，MONDRAGÓN I F，OLIVARES-MÉNDEZ M A，et al. On-board and ground visual pose estimation techniques for UAV control [J]. Journal of intelligent & robotic systems，2011，61：301—320.

[216] MARTÍNEZ C，MONDRAGÓN I F，CAMPOY P，et al. A hierarchical tracking strategy for vision-based applications on-board UAVs [J]. Journal of intelligent & robotic systems，2013，72（3－4）：517－539.

[217] MILLER A，SHAH M，HARPER D. Landing a UAV on a runway using image registration [C] // IEEE International Conference on Robotics and Automation. Pasadena，CA，USA，2009：182—187.

[218] JUNG Y，BANG H，LEE D. Robust marker tracking algorithm for precise UAV vision-based autonomous landing [C]//International Conference on Control，Automation and Systems. BEXCO，Busan，Korea，2015：443—446.

[219] 张勇. 基于合作目标的无人机位姿估计算法研究 [D]. 南京：南京航空航天大学，

2010.

[220] 祁晓鹏. 基于合作目标与视觉引导的无人机自主着陆技术研究 [D]. 南京：南京航空航天大学，2014.

[221] 刘刚. 基于视觉导航小型无人机自主着陆控制策略研究与应用 [D]. 南京：南京航空航天大学，2014.

[222] 朱玮. 基于视觉的四旋翼飞行器目标识别及跟踪 [D]. 南京：南京航空航天大学，2014.

[223] 罗荣海，江驹. 基于平行接近法的对运动目标跟踪的研究 [J]. 机器人技术与应用，2001（6）：25-27.

[224] 张广军. 机器视觉 [M]. 北京：科学出版社，2005.

[225] TSAI R Y. A versatile camera calibration technique for high-accuracy 3D machine vision metrology using off-the-shelf TV camera and lense [J]. IEEE journal of robotics and automation，1987，RA-3：323-344.

[226] 桑卡，赫拉瓦卡，博伊尔. 图像处理、分析与机器视觉 [M]. 3 版. 北京：清华大学出版社，2011.

[227] 王茜蒨，彭中，刘莉. 一种基于自适应阈值的图像分割算法 [J]. 北京理工大学学报，2003，23（4）：521-524.

[228] 付忠良. 图像阈值选取方法——Otsu 方法的推广 [J]. 计算机应用，2000，20（5）：37-39.

[229] 管业鹏，顾伟康. 提取二维图像特征点阈值的自动确定 [J]. 控制理论与应用，2005，22（3）：381-385.

[230] 徐飞，施晓红. MATLAB 应用图像处理 [M]. 西安：西安电子科技大学出版社，2002.

[231] OLFATI-SABER R. Nonlinear control of underactuated mechanical systems with application to robotics and aerospace vehicle [D]. Cambridge，Massachusetts：Massachusetts Institute of Technology，2001.

[232] 陈涛. 导弹平面制导算法设计 [D]. 沈阳：沈阳理工大学，2009.

[233] 王业达，周军，郭建国. 一种基于零脱靶量的最优制导律设计 [J]. 计算机仿真，2009，26（2）：57-59.